第一次圖解就上手的
圖像思考法

5 大基本圖形 × 100 款框架 ×25 種情境主題，
讓你用 1 張圖解決工作難題

暢銷 10 週年全新升級版

凱文．鄧肯 Kevin Duncan 著　張家綺 譯

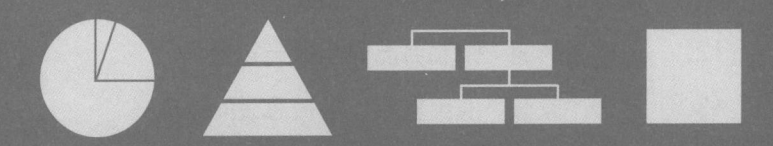

The Diagrams Book 10th Anniversary Edition
100 Ways to Solve Any Problem Visually

目錄

好評推薦 　　　　　　　　　　　　　　　　　　　　　　　　　9
推 薦 序　風靡20國、化繁為簡的圖像思考法／克里斯・海恩斯　21
推 薦 序　視覺圖像，是跨越國際的語言／崔西・德・格魯斯　　25
作者新序　圖表，解決文字難以溝通的利器　　　　　　　　　　29

Part 1　三角形和金字塔圖：
　　　　設計中的經典，3元素的精髓

01.	金字塔圖：最多變的圖表，可用來分類	33
02.	銷售金字塔：不超過五層，釐清銷售火力	36
03.	學習三角錐：以2週為單位，掌握學習本質	39
04.	遞減楔形圖：講解策略、縮小選項的最佳工具	42
05.	遞增楔形圖：堆砌故事、說明時間演變	45
06.	交疊楔形圖：有邏輯比較相反的方法	48
07.	如果三角圖：談判桌上的必備良伴	51
08.	三個F圖：當銷售被婉拒時……	54
09.	業務滿意度三角圖：找出理想工作的條件	57
10.	個人動機三角圖：適用於工作考核	60
11.	團隊五大障礙金字塔：攸關團隊存活的關鍵	63
12.	簡報星形圖：限制自己只能用一句話	66
13.	星爆小訣竅：逼出重要、但被忽視的議題	69
14.	信任與合作楔形圖：預測雙方配合的結果	73

15.	金字塔轉換菱形圖：濃縮捕捉市場變化	76
16.	顛倒領導金字塔：解鎖團隊的最高潛能	79
17.	魚骨圖：分析特定結果的可能成因	82
18.	解方效應分析圖：檢視解決方法是否有效	85
19.	說服我吧金字塔：評估是否繼續的決策工具	88
20.	價值楔形圖：判斷自己的競爭優勢	91

Part 2 方形和多軸圖：
表現時間、方向，區分元素和市場

21.	成長長方格：解鎖工作和生活上的優劣	97
22.	優先事項矩陣：讓工作步調井然有序	100
23.	市場分析圖：掌握市場現況和關鍵策略	103
24.	交易平台圖：適合商業談判的事前準備	106
25.	大膽量表：投入時間和心力前的步驟	109
26.	購買障礙軸線：揪出障礙，並一一拆解	112
27.	方格流程圖：解說各種工作制度	115
28.	長尾理論圖：比較商品的優勢與限制	118
29.	市占率直方圖：呈現需要比較的數值	121
30.	九點連線圖：「跳脫框架式思考」的起源	124
31.	雙贏矩陣：達成共識，人人都能獲利	128
32.	時間管理矩陣：看清什麼該做、什麼該放手	131

目錄

33.	波士頓矩陣：分析產品組合，做出明智決策	134
34.	必要意圖網格：釐清公司業務的定位	137
35.	周哈里窗：改善自我覺察和個人發展	140
36.	無條件式幸福網格：呈現一個人的心境和認知	143
37.	價值結果網格：檢視員工的表現和價值	146
38.	徹底坦率矩陣：關懷與挑戰兼具的管理	149
39.	知識掌握網格：檢視自我認知與實際能力的落差	152
40.	領導潛能網格：找出部屬具備的特質	155

Part 3 圓形和圓餅圖：
看清整體、拆解結構

41.	靶心、洋蔥與影響圈：用同心圓看清焦點與範圍	161
42.	圓餅圖：呈現整體結構與比例的經典做法	164
43.	文氏圖：比較重疊與差異，找出共通核心	167
44.	核心概念衛星圖：延伸主題、發展好點子	170
45.	分子架構圖：透視複雜整體的內部關聯	173
46.	工作生活平衡圖：解析個人與職場的融合程度	176
47.	團隊領導角色變化圓形圖：因應成員經驗的靈活引導	179
48.	錐形擴音器：放大訊息的層次與影響力	182
49.	問題循環圖：引導任務執行的系統化思考流程	185

50.	「構想傳播」循環圖：將你的點子從概念推向世界	188
51.	心理抗拒圖：為什麼總是卡在「還沒做」？	191
52.	艾賓浩斯錯覺圖：你的觀感，決定你的表現	194
53.	黃金圈：利用「為什麼」，找出核心使命	197
54.	理想隊友文氏圖：看穿誰才是好夥伴	200
55.	＃現在圖：掌握當下，就能改變未來	203
56.	守門人圓形圖：內外應對的關鍵角色	206
57.	頭痛設計師的文氏圖：無法一次滿足三個條件	209
58.	道德兩難的灰色地帶：規範之外，才是真正的難題	212
59.	專注力協定循環圖：隨時在線，讓效率降低	215
60.	不同名稱的圓餅圖：圖表名稱也藏著文化差異	218

Part 4 時間軸和年視圖：
視覺化時間，改變你的行動節奏

61.	運作期間：截止前的每一刻，都是成敗關鍵	223
62.	個人交期：擺脫壓線衝刺的拖延習慣	226
63.	文化交期：誰先開始，誰就能掌握主導權	229
64.	年度簡圖：大小公司常用的規劃圖表	232
65.	三分法與季度的年視圖：三段式規劃，帶來不同效果	235
66.	未滿 12 個月的年視圖：找出值得全力以赴的時間	238

目錄

67.	策略和戰術年視圖：釐清兩者差別和啟動時機	241
68.	能量線：檢視資源是否用在對的地方	244
69.	動機下滑曲線圖：分析專案和人際關係的階段	247
70.	動機晾衣繩圖：有效調配一整年的員工計畫	250
71.	一日條碼圖：干擾太多，工作成效難以高品質	253
72.	每日時間規劃圖：好好運用今天的好工具	256
73.	均衡的一週規劃圖：反思和放空，也排進行事曆	259
74.	技術成熟曲線圖：辨識產品在哪個階段	262
75.	混亂的中程圖表：遇到難關的實際循環	265
76.	理性淹沒銷售技巧圖：重新定義客戶需求	268
77.	革新鯊魚鰭圖：不斷革新，讓優勢不間斷	271
78.	每天進步 1% 曲線圖：一年帶來 37 倍的成果	274
79.	隱形潛能高原圖：看出期待值與現實之間的關係	277
80.	習慣線表：形成一個新習慣的曲線	280

Part 5 流程圖和概念圖：
看見思考路徑，想法不再打結

81.	組織圖：畫得正確，團隊運作更順暢	285
82.	錯誤的組織圖：造成混亂、沒重點的設計	288
83.	三只水桶圖：有效分類專案、釐清專案成效	291

84.	漏斗、料斗或漏水桶圖：招攬顧客到流失的過程	294
85.	沙漏圖：看見流程中最容易卡住的地方	297
86.	領結圖：說服從刪減開始，重點自然浮現	300
87.	決策樹狀圖：釐清每次選擇的可能結果	303
88.	河川和水壩概念圖：一一拆解成效與阻力	306
89.	服務支軸圖：看出服務水準失衡的程度	309
90.	問題去個人化概念圖：以「我們」取代「你我」	312
91.	本質主義圖：打造精簡重點式的生活	315
92.	雙向人格弧線圖：不同人格的銷售表現	318
93.	文化適應曲線圖：適應新環境面臨的階段	321
94.	提升正向銷售策略圖：看見應該朝哪個方向努力	324
95.	密齒梳圖：備受主管重視，宏觀整體公司	327
96.	吊床和釘床圖：報告的黃金法則	330
97.	龍蝦捕籠決策模型：典型的決策過程	333
98.	方法流程圖：選出正確方法的初步流程	336
99.	金髮女孩原則圖：激起最高動機的挑戰	339
100.	惱人的流程圖表：就算無法解說，也帶著幽默和哲學	343

幽默註腳	不要太機車的流程圖表	344
哲學註腳	方向或目的地的兩難	345
附　　錄	25種情境主題對照索引	347
參考文獻		349

好評推薦

「用簡易的視覺圖像，來闡述複雜的想法與思考，絕對是職場人必須具備的軟實力之一。而這本書就是你快速掌握『圖像思考』最好的學習指南！」

——Allan，「簡報‧初學者」版主、AbleSlide 內容總監

「如果你常覺得腦袋有想法，但講出來別人卻不懂，這本《第一次圖解就上手的圖像思考法》就是為你準備的超實用工具書。書中會教你怎麼用最簡單的圖表，把想法整理好、講清楚，讓對方一看就懂。從日常開會到職場簡報，從個人規劃到說服客戶，讓你能用圖解方式釐清邏輯、強化說服力。誠摯推薦給想讓表達更有力、更吸引人的你！」

——林長揚，簡報教練

「畫張圖想明白，用圖文雙刀流解決人生大小難題。」

——邱奕霖，圖解力學院院長

「把文字轉換成圖形、表格，是一種左右腦平衡與協作的技能，且不同需求下皆可找到不同圖形來簡化與釐清意義與邏輯關係。想打開上述『任督二脈』就快點來寫《第一次圖解就上手的圖像思考法》書中的練習！」

──胡雅茹，心智圖天后

「AI人工智慧的興起是因我們擁有創新思維的能力，但如要擁有創新思維能力，那你更需要擁有圖像思維的能力，否則你將失去在AI時代擁有的競爭能力。視覺閱讀（visual read）或具體的圖像（visual representation）絕對是有助於在創新上的思維！也就是說圖像是思考的一個過程，圖像有助於你的思考能更周詳及嚴密。我們擅於看見圖像，但確不擅於辨識文字。我們想看見圖像的展示，我們更應該學習如何把文字展現於圖像。圖型、圖形、圖表、圖式、圖示所產生的圖像是在學習中、工作中或在休息中，都不會離開我們在生活中每一個視線。在此非常推薦作者所述：如何運用『5大基本圖形×100款圖像思考法×25種關鍵主題』的各項技巧及思維，來迎接我們所需的競爭力。」

──陳俊成，台北城市科技大學資工系副教授兼系主任

「畫出來、寫下來,就能讓思考過程看得見;簡單的力量也能帶來大改變。」

—— 劉奕酉,《看得見的高效思考》作者

跨國企業也推

「凱文小而巧的訣竅實用又迅速見效,解鎖其中所蘊藏的創意。」

—— 微軟行銷傳播長,保羅・戴維斯(Paul Davies)

「我超愛這本書的簡潔清晰,身為一個擁戴視覺和圖形的人,這本書完全符合我的思考方式,我可以看出在研討會上運用這些點子所能帶來的好處。」

—— 茱蒂・葛伯格(Judy Goldberg),
索尼影視娛樂(Sony Pictures Entertainment)
領導與組織發展執行董事

「我愛死這本書,充滿創新思維,實在太讚。我會不時翻閱這本書,思考我要如何在報告演說中運用這些技巧。」

—— 賽門・雷德芬(Simon Redfern),
星巴克(Starbucks)事務總監

暢銷作家也推

「簡潔有力,一針見血。」

──賽斯‧高汀(Seth Godin),
《紫牛》(*Purple Cow*)作者、行銷大師

「要是你希望洞悉未來,最聰明的做法就是翻開《第一次圖解就上手的圖像思考法》。」

──麥克斯‧麥基昂(Max Mckeown),
《#現在》(*#Now*)作者

「一個珍貴寶庫,滿滿蘊藏著雷射般的精準見解。」

──馬提‧紐梅爾(Marty Neumeier),
《變》(*Zag*)作者

「終止囉唆,解放自我,清晰思考,有效行動,提高辦事效率。」

──克里斯‧赫斯特(Chris Hirst),
《不囉唆領導術》(*No Bullshit Leadership*)作者、
全球創意總監

「凱文寫出一本猶如百寶袋的輕薄小書,將多樣豐富

的想法和見解,全部塞進一個唾手可得的小書皮中。」
　　　　　——理查・尚頓(Richard Shotton),
　　《自由選擇的錯覺》(The Illusion of Choice)作者

「這種工作法果真具有渲染力。」
　　　　　——約拿・博格(Jonah Berger),
　　　　《瘋潮行銷》(Contagious)作者

「一劑快速見效又不囉唆的興奮劑,讓大家重新想起商業可以多簡單。感染力十足、活力四射,令人耳目一新!」
　　　　——克里斯・巴雷茲—布朗(Chris Baréz-Brown),
　　《閃亮》(Shine)作者、Upping Your Elvis 創辦人

「這本書就像是需要好點子時必參加的訓練營。」
　　　　　——馬克・艾爾斯(Mark Earls),
　　　　　《牧群》(Herd)作者

「不胡扯鬼話的一股清流。」
　　　　　——亨利・西奇恩斯(Henry Hitchings),
　　《語言之戰》(The Language Wars)作者

「現代商業界的廢話太多，所以這本書既像是諷刺作品，也是不可或缺的指南教學。」
　　　　　── 羅利・薩瑟蘭（Rory Sutherland），
　　　《奧美傳奇廣告鬼才破框思考術》（Alchemy）

「文字清晰洗鍊，很適合商學院和行銷系的學生。」
　　　　　── 戴夫・托特（Dave Trott），
　　　《食肉思考》（Predatory Thinking）作者

商業顧問也推

「我是一個以圖像思考的人，所以這本書令我愛不釋手。有誰料得到空洞的文氏圖、無聊的波士頓矩陣、毫無意義的金字塔圖表，居然可以那麼厲害？」
　　　　　── 佛格斯・伯伊德博士（Dr. Fergus Boyd），
　　　　　　　　　　　　　　　　　　　　　資訊技術總監，
　曾任職於 BA.com、維珍航空（Virgin Atlantic）、
YOTEL 飯店、紅色康乃馨酒店（Red Carnation Hotels）
　　　　與 Soho House 集團（Soho House Group）

「如今,每當我遇到難以消化或濃縮的概念,就會翻開《第一次圖解就上手的圖像思考法》找解答。」

—— 克里斯・海恩斯(Chris Haynes),
傳播顧問兼教練,
英國天空體育台(Sky Sports)、
英格蘭板球隊(England Cricket)前傳播總監

「凱文是一個想法清晰透徹的思想家,他的專長就是化繁為簡,在書中把焦點放在商業的視覺語言,帶領讀者看見解決難題和精準溝通的方法,大力推薦。」

—— 大衛・西摩—布朗(David Simoes-Brown)和
羅蘭・哈伍德(Roland Harwood),
100% Open 創辦人,

「要是我可以用視覺方式表達我的支持,肯定會給《第一次圖解就上手的圖像思考法》五顆星。別再唱〈50種離開情人的方式〉,凱文・鄧肯的100種視覺解決法實用多了。」

—— 約翰・基倫(John Kearon),
大腦榨汁機(Brainjuicer)集團首席榨汁人

商學院教授也推

「文字與圖像的完美結合，單刀直入，風格獨特。」
── 羅伯‧高菲（Rob Goffee），
倫敦商學院組織行為學榮譽退休教授

廣告傳媒也推

「凱文運用他不可思議的能力化繁為簡，書裡充滿即刻見效的實用建議。」
── 葛雷姆‧亞當斯（Graeme Adams），
BT 集團媒體部長

「這是一種可以證明論點、讓你贏得尊敬眼光的視覺語言。」
── 威爾‧哈里斯（Will Harris），
WPP 廣告公關集團營業經理

「我覬覦這本書很久了，總算拿到手真的超滿意。」
── 理查‧亨廷頓（Richrad Huntington），
上奇廣告董事長兼首席策略長

好評推薦

「他為商業界帶來的貢獻,就像耐吉(Nike)帶給運動界的成就。」

——理查·海特納(Richard Hytner),
上奇廣告公司(Saatchi & Saatchi Worldwide)副總裁

「如果你不用圖像思考,那你需要這本書,《第一次圖解就上手的圖像思考法》能夠解密策略的藝術。」

——艾力克斯·鄧斯頓(Alex Dunsdon),
M&C 上奇廣告公司策略部,

「我忠實擁護以視覺輔助傳達個人觀點,所以這本書真的很實用。」

——麥特·希爾斯(Mat Sears),
EE 電信公司公關及企業傳訊主管

「如果最後要我給你一個符號,象徵我讀完這本書的心得,那這個符號一定是 ♥。」

——崔西·德·格魯斯(Tracy de Goose),
英國電通安吉斯集團執行長

「幾何學變成一種趣味無窮的策略工具，這本書趣味橫生，又能帶給你豐富收穫。」

——理查・史瓦（Richard Swaab），
AMV BBDO廣告公司副總裁

「凱文的所有著作都具有一個特點，那就是充滿帶動進步的實用忠告。」

——理查・莫里斯（Richard Morris），
艾比傑媒體行銷股份有限公司（IPG Mediabrands），
英國與愛爾蘭地區總監

金融界也推

「如果你和我一樣以視覺處理資訊，又或者如果你的合作對象是這樣的人，你就得以簡單有效的方式傳達想法，這本書可以帶給你加乘效果。」

——克里斯・卡麥可（Chris Carmichael），
匯豐銀行EMEA區域媒體總監

「傑作中的傑作，精心之作，很符合現代職場背景。一樣是那麼清晰、實用、有趣。」
—— 大衛・惠爾頓（David Wheldon），
蘇格蘭皇家銀行行銷總監

「滿滿經過實證的實用思考技巧，將 30 年的實戰經驗濃縮成一本書。」
—— 強納森・哈曼（Jonathan Harman），
英國皇家郵政行銷（Royal Mail MarketReach）媒體總裁

推薦序

風靡 20 國、化繁為簡的圖像思考法

—— 克里斯・海恩斯（Chris Haynes），
天空體育台和英格蘭板球前傳播總監、傳播顧問兼教練

我最早是透過形狀認識世界的。

幼兒時期，我在學習過程中探索星形、圓形、三角形、方形，學會把它們放進玩具洞洞板的正確位置。

幼稚園時，澳洲熱門電視節目《遊戲學院》（*Play School*）會視每次節目內容，鼓勵我「透過圓形、方形或拱形的窗戶」觀看東西如何製作。

很快地，文字取代了形狀。大人鼓勵我學習更多、使用更多、應用更多文字，並增加繁複程度和微妙的語

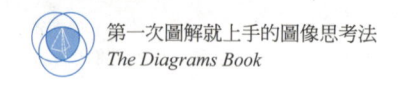

言用法。對我而言，懂得使用越多文字，就代表我的進步越大。

就這樣，我找到以溝通為主的事業生涯，文字則成了我的「強項」。我的文字和豐富字庫帶給我豐碩果實，然而在這一路上，我似乎也失去了什麼。

最近，我翻開書架上的老硬皮練習冊，裡面滿是這幾十年來遇到的複雜問題、行動、手寫故事紀錄，筆記中透露出我的想法、分析、行動，以及我想要讓計畫更輕鬆好記的期望。

隨著我翻著書頁，我發現筆記逐漸出現轉變。

主要出現兩大主要步驟：**黏在一起的潦草字跡換成大寫字母，浮現清晰的輪廓和圖形，幫助我理解自己的想法。**

我開始減少用字，結果效果強大無比。流程和韻律清晰可見，我的點子變得更容易看懂，也很容易想起動機，同時也看出我是何時開始接觸《第一次圖解就上手的圖像思考法》，並且應用書中方法。

推薦序
風靡 20 國、化繁為簡的圖像思考法

在更為錯綜複雜的世界，《第一次圖解就上手的圖像思考法》讓我將個人想法化為圖像，簡化策略，不限於我自己使用，和同事討論、向客戶報告時也派得上用場，果真名不虛傳，幫我「**用視覺方法解決疑難雜症**」。

在我形塑和呈現構想時，圖像帶來了一種催化作用，讓我同時能以視覺和語言傳達見解、流程、行動，並且跨越文化藩籬和思維模式，與聽眾產生連結共鳴，也為我的想法賦予形狀。

如今，每當我遇到難以消化或濃縮的概念，就會翻開《第一次圖解就上手的圖像思考法》找解答。我會從中找到激發思維的事物、套用或改良某種圖形或流程，化繁為簡，找到好記的答案。

正如凱文的「學習三角錐」所示，相較於我們讀到的文字描述，我們記住圖片畫面的可能性多達 3 倍。

每個人都有自己最喜歡的圖表，一張符合個人思考模式或日常工作的圖。我自己最愛的是領結圖、文化交期、三只水桶圖、遞減楔形圖、購買障礙軸線、錐形擴音器圖。

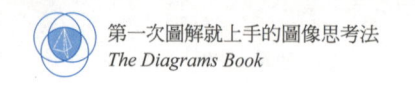

你會在這本書中找到自己最愛的圖，在不同時刻、面對不同情況，把不同圖表當作寶貝。

凱文的精湛好書證實效果超強，我不僅大力推薦，也常常買來送人。我敢保證你也會這麼做，收到這本書的人都變成溝通高手、策略達人、優異領袖，最後也加入信徒行列。

看著《第一次圖解就上手的圖像思考法》這十年來不斷累積的好評見證，橫跨各大產業、領域、文化，應用層面和影響力更是無遠弗屆。**圖形果真能跨越陸地與文化的藩籬，翻譯成 20 國語言就是最好的證明。**

這本書的天才之處就是能夠化繁為簡，利用表達構想的圖形，打造清晰，構成影響力。

推薦序

視覺圖像,是跨越國際的語言

——崔西・德・格魯斯(Tracy de Goose),
英國電通安吉斯集團執行長

我很開心凱文寫了這本書。我本身很喜歡透過圖形表達想法或點子,畢竟這就是我大腦運作的模式。我擅長利用圖像思考,圖表能幫我釐清想法,將想法變得清晰簡單,而且我深信保持簡單很重要。

與其呆呆站著等待,現在每個人都有完成更多任務的壓力。然而,世界變得越來越錯綜複雜,完成工作也越來越不容易。我常常和客戶聊到,「怎麼做」其實比「做什麼」還難。

如果我們想要達成任務,就得萬事從簡。這種時候,一張好圖表的幫助就很大,一張可以簡單表達策略、想

法、點子的視覺圖像。凡是能幫我們達成任務的工具，我們都應該全心接納，所以這本書是獻給所有想要完成任務的人。

人只能記得 10% 的文字，卻能記得 30% 他們看見的圖像。圖形所具備的優勢秒勝文字，偏偏大多公司企業傾向專注文字語言。千萬別誤會我的意思，我跟大家一樣喜歡文字，但是文字可能遭到濫用，而且這種情況很普遍，我們可能會忍不住長篇大論，讓情況變得複雜。圖表也可能遭到濫用，但是沒那麼嚴重，我相信視覺思考有助於一眼看見某個想法背後的簡單訊息。

我很高興凱文列出所有我最愛的圖：圓形、最經典的金字塔、漏斗圖、領結圖。

我在行銷生涯之初常常使用圓形（對目標觀眾來說效果很棒），圓餅圖向來是快速簡易理解銷售明細的方式，同心圓也從沒讓人失望，一樣非常實用，畢竟世界並不能分類成整齊獨立的圓形。

金字塔圖立刻讓我想到馬斯洛需求層次的理論，我常用這個理論解釋想法和點子。好幾年前，我們團隊也曾

運用馬斯洛的理論說明，對女性而言，色彩和居家設計屬於一種個人表達，最後成功爭取到某間大型漆料製造商的案子。

領結圖很好用，形狀簡單，卻能夠用於各種概念，縮簡成一個簡單概念或表達方式，然後擴增拓展成不同樣貌，對行銷人來說非常實用，因為行銷人需要使用不同原始資料發展出一種概念，再使用不同方式落實這個構想。

圖形和圖表具有傳播力，在這個人人無法跳脫全球化影響的世界，圖形和圖表可說是非常重要。從事國際化工作的我們需要構想跨越國土疆界，傳遞出去，像這種時候，視覺圖像就能派上用場。

人類逐漸走向一個更視覺化的社會，未來會有越來越多人以視覺圖像思考，把圖形和圖表當作一種思考模式。

如果最後要我給你一個符號，象徵我讀完這本書的心得，那這個符號一定是 ♥。

作者新序

圖表，解決文字難以溝通的利器

十年前，我注意到很多參加我訓練課程的學員，都在使用新方法做筆記。他們畫出圖形，而不是用傳統的手寫方式做課堂筆記。

這讓我不禁好奇，我的課程教材裡共有幾種圖表，答案是 46 種，後來我加入 4 種，寫出這本《第一次圖解就上手的圖像思考法》。

而今視覺思考法當道，在世界各地都擁有廣大市場。

在教過成千上萬名學員後，有一件事很明顯，那就是不少人發現，光憑文字傳達概念及解決問題，其實有其難度。

圖表，是組織整頓個人想法的一大利器。

一旦開始使用圖表，你可能就會變得更懂運用策略，也可能單純是更擅長向同事和顧客解說個人觀點。

我很開心看到這本書以各國語言版本回歸，飄洋過海到日本、中國、韓國，又來到德國、西班牙、瑞典。

祝你好運，別忘了在貼文中和我分享進展。

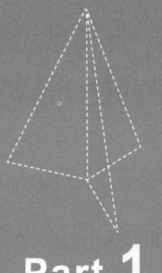

Part 1

三角形和金字塔圖：
設計中的經典，
3 元素的精髓

三角圖是設計中的經典。

三角圖精確捕捉到所有包含一、二、三或 A、B、C 順序的精髓，深受世界各地的使用者喜愛。

英國兒歌〈三隻盲鼠〉（*Three Blind Mice*）；一個英國人、一個愛爾蘭人、一個蘇格蘭人走進某間酒吧的笑話；全球暢銷奇幻小說《魔戒》（*The Lord of the Rings*）三部曲……有誰不愛具有「3」的元素？

所以，要是你需要解說某種牽涉「三角」的事物，就用三角圖吧。

但還不只如此。楔形圖可以放大漸強或漸弱的趨勢，像是一步步堆砌故事，或是縮減選項。

兩張三角圖交疊，就能展現出兩者組合的結果，或是不同狀態之間的轉變。

金字塔圖可以解釋某種進程的要素與漸進。

最聰明的是，三角圖的中央還能放入第四項要素，而且效果威猛無比，可以是綜合三項要素後的焦點。

適用情境 ➜ 顧客研究

01 金字塔圖：
最多變的圖表，可用來分類

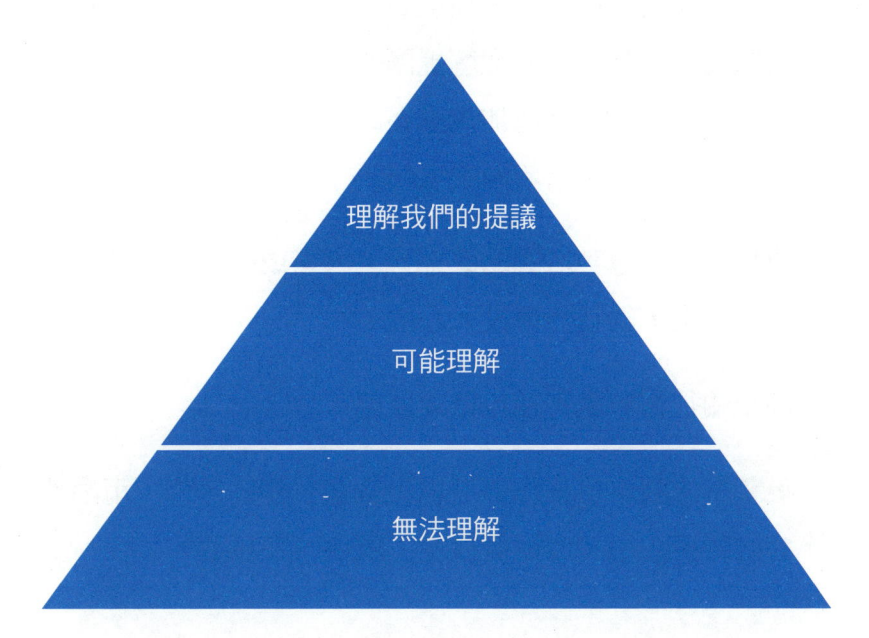

理解我們的提議

可能理解

無法理解

- 金字塔圖，是世上最多變的圖表之一。

- 最底層是基座，中間是轉折區域，最頂端（或頂點）則是象徵達到成就、目的地或某個菁英團體。

- 金字塔圖很好用，可以不過度複雜情況，就為各別團體進行分類。

- 以本章節的案例來說，最上層象徵的是能夠理解公司提議的人，中間是可能理解提議的人，底部是無法理解提議的人。在不同區塊加入潛在的名字或數量，觀眾就能一目了然，秒懂全新商業策略。

- 典型來說，金字塔圖的底部代表大量或大眾市場對象，越往上走，就越需要投入心血。

- 最頂端往往象徵某種目標或展望。

- 更精準的版本會在每一層填上數字，如此一來，市場機會的規模大小（或沒有機會）就會一覽無遺。

學以致用練習 1

　　挑選一個問題,依照不同階段、類別、部分,分成最少三個、最多五個等分,然後依照順序排列,可以選擇從金字塔上至下,或下至上的方向,若有必要,每一層都能再補充數字。

第一次圖解就上手的圖像思考法
The Diagrams Book

02　　　　　　　　　　　　適用情境 ➜ 銷售分析

銷售金字塔：
不超過五層，釐清銷售火力

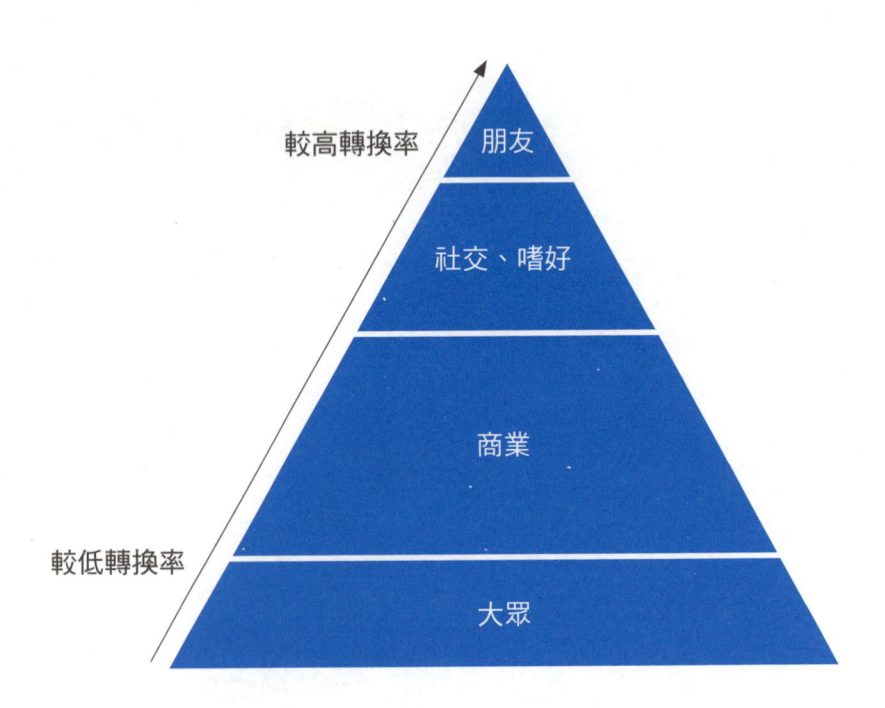

較高轉換率　　朋友
　　　　　　社交、嗜好
　　　　　　商業
較低轉換率　　大眾

- 金字塔可以分成好幾層，但為了保持資訊清晰，**最多不超過五層**，否則會顯得太雜亂。

- 想要釐清銷售火力應該集中在哪裡，銷售金字塔是一種好方法。

- 在前述簡單的例子中，規模隨著不同區塊往下擴大，從最上層只認識幾個朋友，擴展到社交和商業場合認識的較多人群，最後接觸到大眾群體。

- 在不同區塊中加上數字，對於經營個人事業的業主很有幫助，可用來釐清自己應該把重點放在哪個部分，不過對大型企業也同樣實用。

- 可以加上箭頭，顯示市場機會的走向和本質。這裡的案例中，圖表所表達的重點是，潛在買家與業主之間的關係越密切，轉換成銷售的機率就越高。

學以致用練習 2

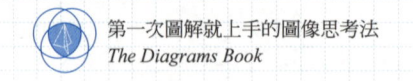

　　選擇一項你想要銷售的產品、品牌或服務，利用銷售金字塔找出潛在買家，然後依照市場機會，從小到大進行排序。要是可以，在每一層補上數字，然後選擇最簡單或利潤最高的區塊當作起點。

適用情境 ➡ 報告呈現

學習三角錐：
以 2 週為單位，掌握學習本質

2 週後，我們通常會記得……

層級	記得比例	類型
讀過的	10% 讀過的	被動
聽過的話語	20% 聽過的	被動
看過的畫面	30% 看過的	被動
觀看影片、觀看展示品 觀看示範教學 現場觀看完成過程	50% 看過和聽過的	被動
參與討論、發表演說	70% 我們說過的	主動
提出生動的報告內容 模擬真實體驗、實際操作	90% 我們說過也做過的	主動

- 最早是美國教育家埃德加・戴爾（Edgar Dale）於 1969 年發想出學習三角錐。

- 這張圖表利用金字塔結構，列出幾個記住知識有效或無效的方法，這裡是以學習結束後的 2 週為基準。

- 金字塔尖端顯示，我們只會記得 10％自己讀過的文字。

- 接著，漸增至記得 20％聽過的內容、30％看過的畫面、50％同時聽見與看見的內容、70％自己說出的話。

- 最後在寬敞的底部提出關鍵要點，也就是學習 2 週後，我們會記得 90％自己說過及做過的事。

- 區塊中的空間，可用來舉例說明各種學習技巧的特性。

- 這套系統能協助你，根據想強調的重點，選擇合適的學習媒介。從圖表上方較簡單的形式開始，隨著訊息的重要性提升，媒介也會逐步升級，最終來到底部影響力更強的方式。

- 關鍵在於：**只要提升媒介的層級，就能有效強化學習效果**。如果希望讓對方真正記住你想傳達的內容，就別只是躲在電子郵件後面。原本打算寄封信，不如改打電話；本來要打電話，不如安排面談；若無法見面，也可運用視訊會議或線上研討會等現代科技，模擬面對面的情境。

學以致用練習 3

　　選擇一個你需要有效傳達的要點,利用學習三角錐,為自己設下 2 週後至少記住 50％的目標(看過和聽過的),並思考可以成功達標的方法。要是更有企圖心,可以把目標設定為 90％(說過也做過的),以達最高成效。

適用情境 ➜ 報告呈現

遞減楔形圖：
講解策略、縮小選項的最佳工具

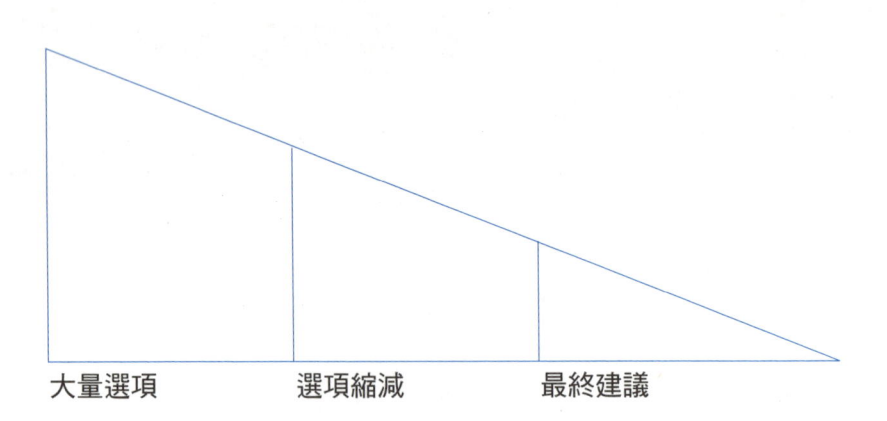

大量選項　　　選項縮減　　　最終建議

- 遞減楔形圖，是講述策略故事，並逐步收斂選項的最佳工具。講者可以藉此清楚說明自己的思考過程，讓聽眾理解曾經納入哪些可能性，但最終仍能聚焦於一項明確，甚至最好是唯一的建議。

- 先從左側開始介紹各種可能選項，盡可能使用與主題相符的基本原理和細節，分析並有條理地刪減排除。

- 到了楔形的中央，應該已縮減至最多三、四個潛在選項。

- 接著，可能會針對這三、四個選項進行更細部的分析，甚至建議仔細研究。

- 最後講者會來到最右側，在經過各方考量後，提出最終合理的完美建議。

- 整體來說，這種逐步刪減、導出結論的方式，類似於成功解題的數學方程式。你無法直接給出最終答案，而是需要清楚說明推導出結果的過程。

- 故事說得越是繁複仔細，聽眾就越能理解你的解釋。

學以致用練習 4

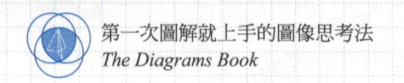

挑選一個需要講解的報告或故事,最好有幾個選項或大範圍主題,運用遞減楔形圖,先從最寬敞的左邊開始,接著有條有理、漸進式地縮減數量或主題,最終試著得出一個明確的建議或觀點。

05

適用情境 ➔ 促進成長、報告呈現

遞增楔形圖：
堆砌故事、說明時間演變

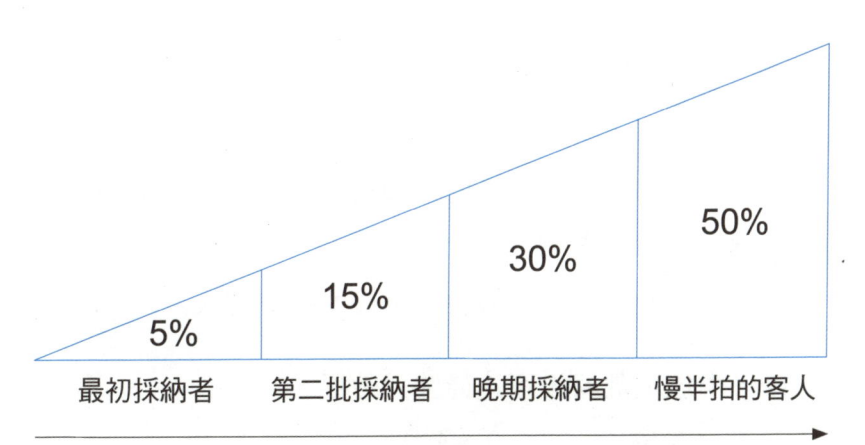

5%　最初採納者

15%　第二批採納者

30%　晚期採納者

50%　慢半拍的客人

時間軸

- 遞增楔形圖很適合用來堆砌故事，或是示範事物如何隨著時間演變。

- 可以調整傾斜坡度，用來呈現短時間內的變化速度。

- 這張楔形圖也能拿來和遞減楔形圖搭配使用，擴展故事。例如刪減至一個重點建議後，講者可以進一步解釋，某個概念可以如何應用於各種不同形式、不同觀眾群、不同區域等。

- 和金字塔圖一樣，**列舉時建議最多不超過 5 個**，才不至於太雜亂。

- 這張範例圖表檢視的是典型的新產品或某流行風潮的採納過程，最早採納者為第一個實驗的先鋒，再來是第二和較晚採納的客人，最後才是慢半拍的客人。

- 楔形中加上數據，可達最強大效果。

- 在這裡我們可以看到，主要的市場機會都是到了後期才出現，所以一般會建議品牌要沉住氣。

- 這類數據能幫講者說出引人入勝的策略故事，或以具有說服力的方式，說明未來應該把心力放在哪些方向。

學以致用練習 5

選擇一個需要延伸拓展的時間段或要點,依照時間或區段分隔遞增楔形圖,若有就一併加入可用數據,練習從左到右側拓展故事。

06

適用情境 ➡ 策略布局

交疊楔形圖：
有邏輯比較相反的方法

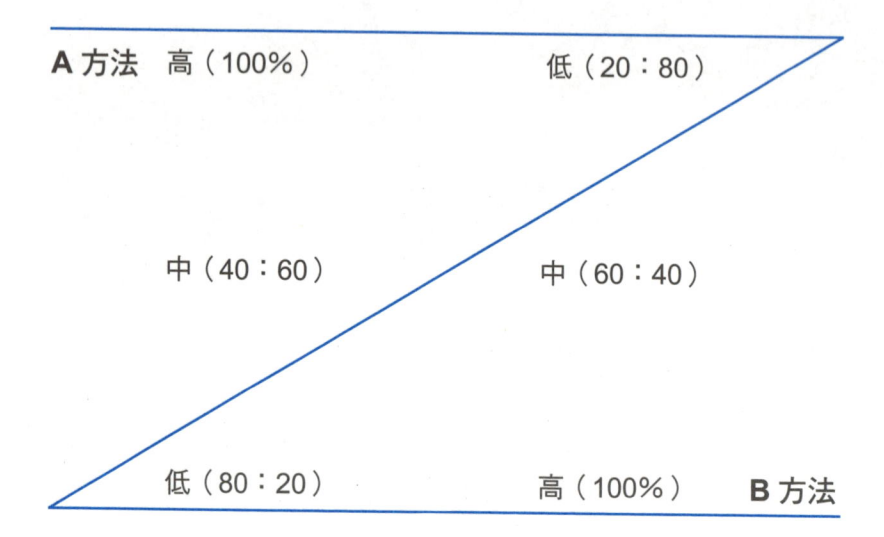

A 方法　高（100％）　　　　　低（20：80）

中（40：60）　　　　　中（60：40）

低（80：20）　　　　　高（100％）　**B 方法**

- 使用交疊楔形圖，就能有邏輯地比較兩種完全相反的方法。

- 兩種相反的方法分別置於左右兩側，也就是 A 方法和 B 方法，兩端分別採用百分之百的 A 方法或 B 方法。

- 然後在可控範圍內選擇幾組相對數字，在此共分成三組：高（100％採用 A 或 B）、中（60％採用 A、40％採用 B 或相反）、低（80：20）。

- 從左到右或從右到左組合這些數字，圖表就會提出一連串解決問題的可能排列組合。

- 這個案例中，共有 6 種排列組合，每種組合皆可用來分析是否適用。

學以致用練習 6

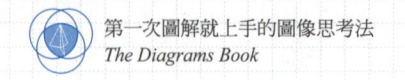

　　選擇一個具有兩極化解決方法的問題,把這兩種相反方法分別置於交疊楔形圖的兩端。接下來選擇幾種可能的方法組合,最多 3 種排列組合,在每個排列組合中以百分比標示,根據問題的嚴重程度,從高到低、或從低到高適當排列在對角線上下方位置,查看不同組合,從中選出最有效的方法。

07

適用情境 ➜ 談判協商

如果三角圖：
談判桌上的必備良伴

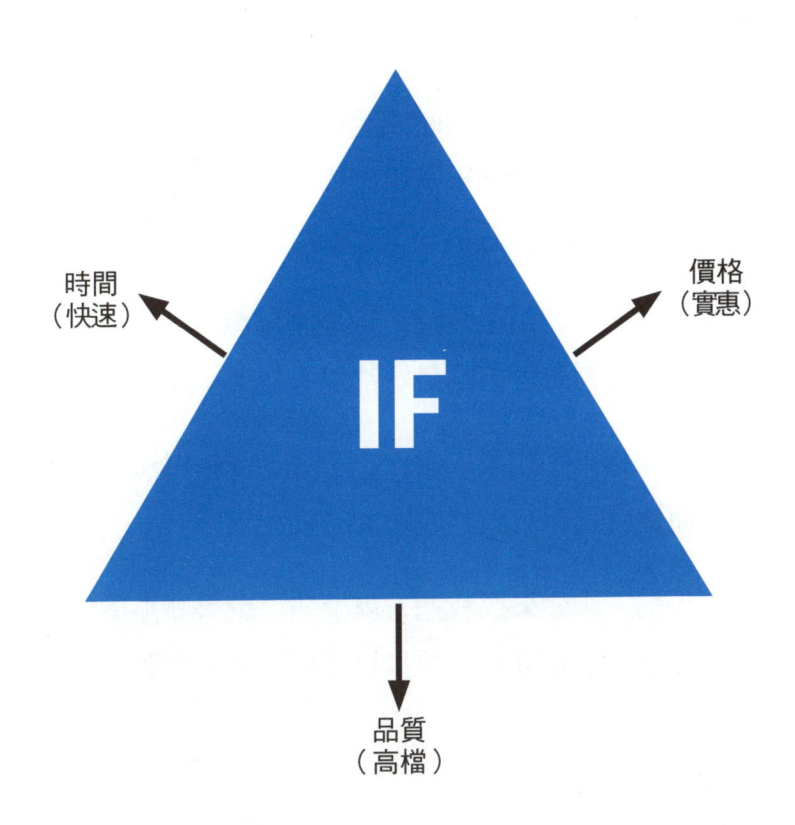

時間
（快速）

價格
（實惠）

IF

品質
（高檔）

- 如果三角圖是談判桌上的必備良伴,因為它涵蓋了顧客購買時唯一考量的三種變數。

- 三道問題一樣是:**「好不好用?」(品質)、「多少錢?」(價格)、「何時可以取得?」(時間)**

- 談判時,其中兩種變數可以彈性調整,但不能三種都能調整。

- 舉例說明,如果給出的時間寬裕,通常可以調降價格。但想要快速交貨,就得提出高價。雖然沒人會承認想要低品質,但草率跳過某些步驟,可能會導致品質下滑。

- 之所以叫作「如果三角圖」,是因為想要站穩成功談判的立場,談判時每句話最好都以「如果」開頭。

- 要是一句話以「如果」當作起手式,就很難沒有附加條件,而這就是所有談判成功的必備利器。

- 案例包括:「如果要我週五就交貨,就得調漲價格。」「如果你想要我降價,那我只好延後交貨時間。」

Part 1
07. 如果三角圖：談判桌上的必備良伴

學以致用練習 7

　　選擇一個需要談判的情況，寫下時間、價格、品質的決定因素。想出三句用「如果⋯⋯」開頭的句子，然後在談判過程中站穩立場。

08

適用情境 ➡ 顧客研究、銷售分析

三個 F 圖：
當銷售被婉拒時……

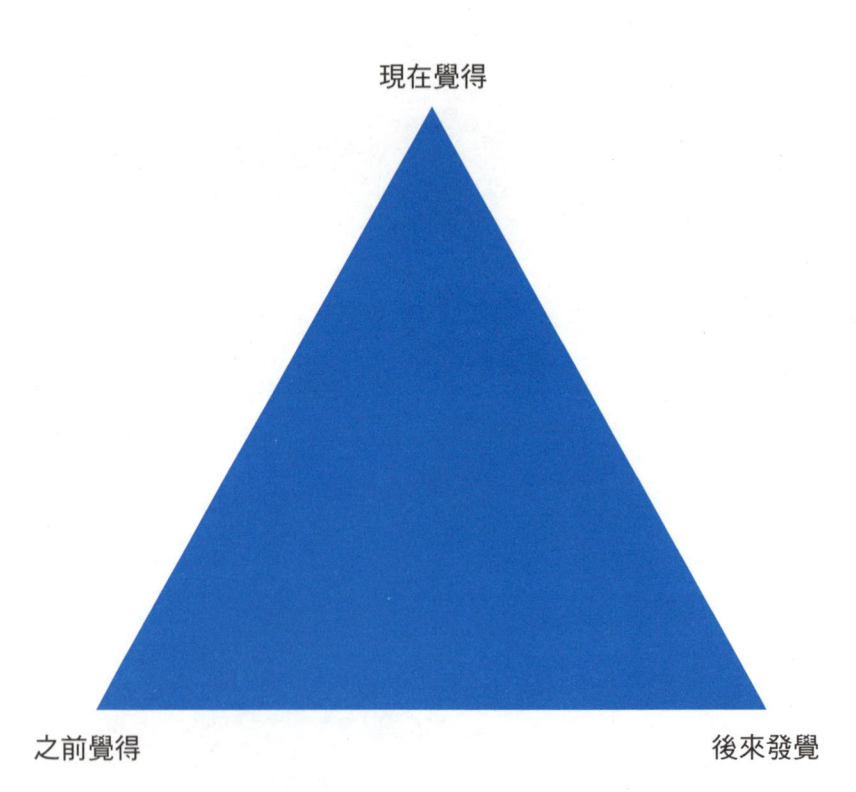

現在覺得

之前覺得　　　　　　　　　　　後來發覺

- 在遇到拒絕推銷的時候，三個 F 圖非常好用。

- 這三個元素分別是三種「F」：**現在覺得（Feel）、之前覺得（Felt）、後來發覺（Found）**。

- 概念就是組成一個句子，鼓勵半信半疑的顧客重新考慮，動搖他們的不確定感，最後買下商品。

- 句子架構大概如下：「我能理解你現在對 Y 物的感覺是 X，我以前也這麼覺得，但當我接觸到 Z，我發覺這個錢其實花得很值得。」

- 指向自己的「我」可以用同事或網紅取代，至於接觸到的 Z 則可以是一種經驗、一種產品特性或某種正面的情緒價值。

學以致用練習 8

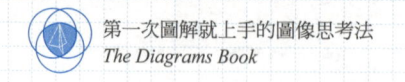

找一個潛在顧客不想購買你或你公司商品的情況,或是他們很難心服口服的時刻,說出你對於某件事物的感受,其他人之前也有同感,緊接著指出他們接觸到什麼,跨越了他們的不確定感,最後推銷成功。現在就來組句子吧。

適用情境 ➜ 顧客研究

09 業務滿意度三角圖：
找出理想工作的條件

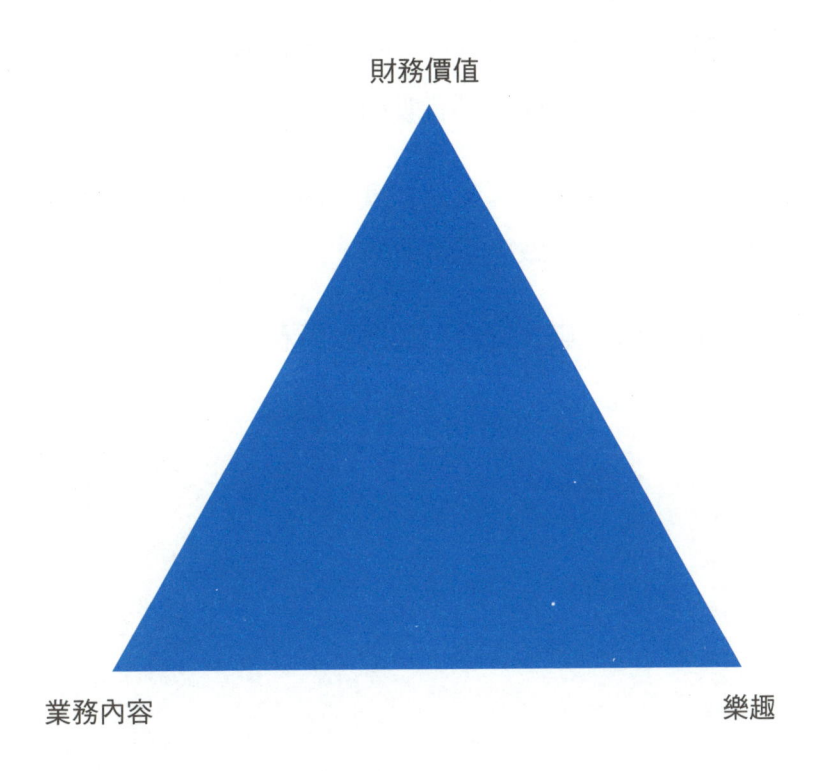

財務價值

業務內容　　　　　　　　　　　　樂趣

- 業務滿意度三角圖牽涉三大重要元素，這幾項元素能直接影響公司和員工的工作滿意度。

- 三大元素分別是：**樂趣（樂在工作）、業務內容（求知欲、刺激思考）和財務價值（賺取利潤）。**

- 要是某項業務符合這三項條件，就是理想的工作情況。

- 這裡有一個重點，那就是至少必須符合兩項條件，一份工作案或顧客關係才具有吸引力。

- 如果只符合一項，那麼公司就應該慎重考慮拒絕這份工作，或至少必須做出重大改變。

- 要是前述條件無一符合，那麼該業務就不該繼續下去。

Part 1
09. 業務滿意度三角圖：找出理想工作的條件

學以致用練習 9

　　找出一段現有或潛在的客戶關係，使用這三大條件勾選、打分數，或是預測結果，看看總共符合幾項條件，接著決定是應該繼續這段合作關係，或是做出重大改變。

第一次圖解就上手的圖像思考法
The Diagrams Book

10

適用情境 ➡ 激發動機

個人動機三角圖：
適用於工作考核

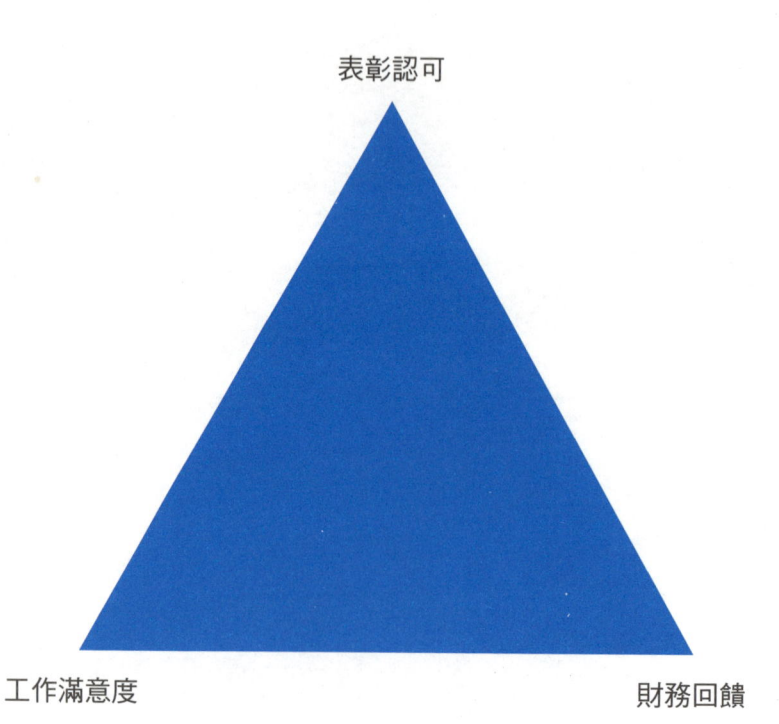

表彰認可

工作滿意度　　　　　　　　　　　財務回饋

- 個人動機三角圖很適合用於工作評鑑，評估某個職員、一個部門或團隊員工的士氣和動機。

- 你也可以利用這張圖表評估自身狀況。

- 這個三角圖提出了影響一個人覺得工作有成就感的關鍵元素。

- 這三大要素分別是：**獲得表揚（狀態、發展、升遷）、工作滿意度（求知欲、刺激思考）、財務回饋（薪資和福利）**。

- 要是前述三項全部勾選，那這個人的工作環境就處於理想狀態。

- 如果符合兩項條件，可以專注改善不甚滿意的條件。

- 要是只勾選一項，可能就需要採取緊急重大改變。

- 要是前述沒一項符合，雇主就需要採取緊急行動，或者要是情況不改善，員工就應該盡快換工作。

學以致用練習 10

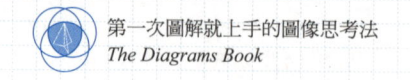

　　如果你正在進行工作評鑑,邀請評鑑對象做這項練習,並且檢視結果,找出他們覺得最重要的元素,利用你的新發現進行討論或採取行動。若是必要可以設計一套評分系統。如果你是評鑑自己的狀況,觀察你是否對這三項條件都滿意、問題是否急迫,再看看當下哪些方面需要改變。

11

適用情境 ➡ 化解衝突、領導管理

團隊五大障礙金字塔：
攸關團隊存活的關鍵

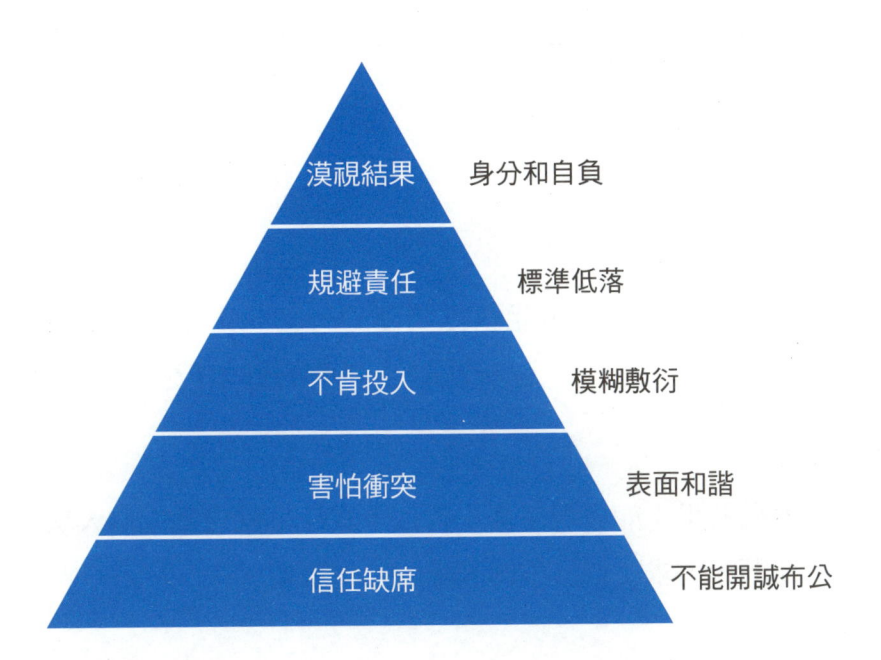

漠視結果 —— 身分和自負

規避責任 —— 標準低落

不肯投入 —— 模糊敷衍

害怕衝突 —— 表面和諧

信任缺席 —— 不能開誠布公

- 美國管理大師派屈克·蘭奇歐尼（Patrick Lencioni）認為，五大障礙可能會毀掉一個團隊的效率和凝聚力，尤其是主管團隊。

- **信任缺席**：此問題源自於不肯對團隊敞開心扉，無法坦然承認錯誤、面對自我弱點的人，很難與他人建立信任。

- **害怕衝突**：欠缺信任的團隊無法把話挑明，開門見山地去辯論、探討問題。

- **不肯投入**：若是無法開誠布公說出自己的意見，表面可能表面假裝配合，團隊成員很少真正採納某種意見，也很難致力推動某項決策。

- **規避責任**：要是不能執行明確的行動計畫，就算是目標再明確的員工，也無法指正同儕的低效行動或不當行為。

- **漠視結果**：如果員工都不肯扛下責任，就會養成個人或部門的需求凌駕於整體團隊的工作環境。

學以致用練習 11

這個模型可以有效運用在管理團隊的外出研討日。與團隊公開討論應該採用哪些做法,鼓勵以下情況:信任(讓員工跨越不願坦誠的心態,承認個人缺失)、有建設性的衝突(以取代表面的和諧)、投入心力(跳出模糊敷衍的狀態)、扛起責任(拉高低標準)、關心結果(解決身分和自負的問題)。

12

適用情境 ➡ 創意發想、創新改革、策略布局、釐清思考

簡報星形圖：
限制自己只能用一句話

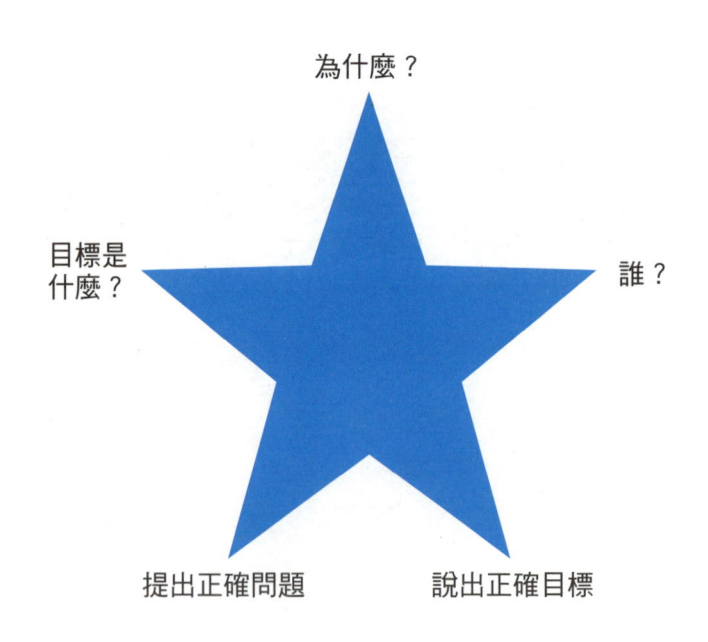

為什麼？

目標是
什麼？

誰？

提出正確問題　　說出正確目標

- 簡報星形圖，是本書作者於 2014 年在《創意的五十個訣竅》(The Ideas Book) 一書中所提出的圖表，至今

66

已被成千上萬人廣泛使用。

- 最好的簡報內容都簡單到不行。如果你主持腦力激盪會議，或者單純是為自己設定任務，就該限制自己只能用一句話，而這句話非常值得你花大把時間準備，畢竟要是不夠清楚，你就得不到好答案。

- 先從「**什麼**」開始：我們想達成什麼目標？

- 然後提問「**為什麼**」，確認答案的合理性：我們為何想做這件事？

- 要是答案太籠統或令你不滿意，可以撤換原定目標，或是腰斬工作案。

- 接著描述「**誰**」：我們瞄準的目標是誰？

- 現在可以用簡單的一句話陳述摘要重點（我們的目標是革新 X 產品類別），或是提出一道問題（我們該怎麼讓 X 品牌的規模成長一倍？）

- 如果想法夠清楚扎實，或許可以同時提出目標與問題：我們的目標是革新 X 產品類別。有哪個產品特色能夠實現這個目標？

學以致用練習 12

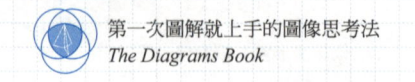

挑一個急需你關注的業務問題，花點時間思考，盡可能以簡潔清晰的方式提出來。第一個提出的問題，就是我們想達成什麼目標？除非得出的答案夠明確，否則先不要進入下一部分。若有必要可以提問「為什麼」，交叉檢查你的答案是否夠明確。加上「為什麼」的問題之後，把你得出的這一句話當作簡報內容，進行測試。這句話可以是目標宣言或問題，也可以兩者交替使用。得出結果後先擱置一旁，稍後再回頭查看是否需要修改，然後找一位備受敬重的同事幫忙看，是否覺得簡報內容夠清楚。

適用情境 → 創意發想、創新改革、策略布局

星爆小訣竅：
逼出重要、但被忽視的議題

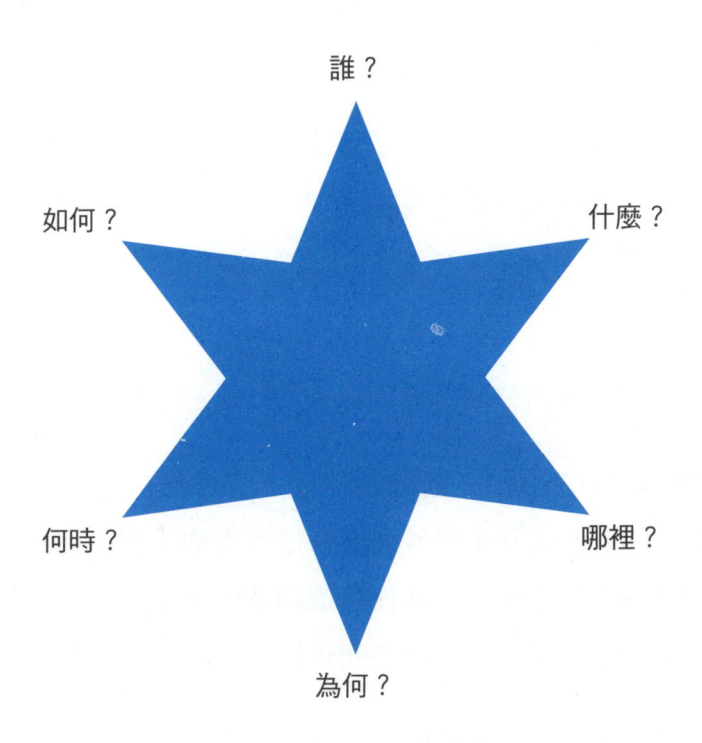

誰？

如何？ 什麼？

何時？ 哪裡？

為何？

- 星爆小訣竅，是簡報星形圖的姐妹圖表。

- 源自印度作家魯德亞德・吉卜林（Rudyard Kipling）在《大象的孩子》（*The Elephant's Child*）中提出的六個問題：

    我有六個老實僕人

    （他們傳授我所有知識）

    他們分別是「什麼」、「為何」、「何時」

    還有「如何」、「哪裡」、「誰」

    我派他們上山下海

    我要他們從西到東

    在他們為我勞碌奔波後

    我讓他們好好休息。

- 這和煩人的小孩不斷問為什麼，害你無法專心不太一樣，卻有異曲同工之妙。**概念是所謂的「蠢」問題，通常能逼出真正重要、卻往往遭到忽視的議題**，一語點醒某個構想的提案人，哪方面可能需要更深入探討。

- 每個六角星的問句都能用來開題，組成一串長問句，例

如：「該如何為這個構想提供資金？」

- 一開始想出越多句子越好，但先不要回答。有時光是問題的多寡已經能顯示一個構想無法挺過審查關卡，碰到這種情形星星就會爆炸。如果只有幾個問題，那就完整回答問題，看看是否應該繼續進行。

學以致用練習 13

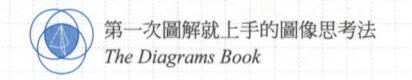

　　找一個可能耗時又需要大量資源的重要工作案件，套用這六道問題，重複提問，直到所有人都提不出問題為止。如果問題太多，又明顯無法解決，可以考慮放手案件。如果只有少數幾個問題，就用點時間找出解答。要是解答令人滿意，便可考慮繼續進行。

Part 1
14. 信任與合作楔形圖：預測雙方配合的結果

14 適用情境 ➔ 溝通表達、領導管理、排除阻力、團隊工作

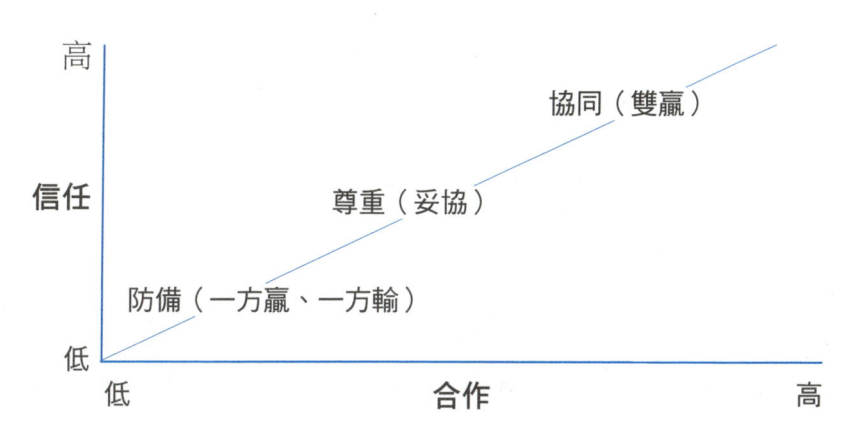

信任與合作楔形圖：
預測雙方配合的結果

```
高
│
│              協同（雙贏）
信任
│         尊重（妥協）
│
│    防備（一方贏、一方輸）
低
└─────────────────────
  低        合作         高
```

- 楔形圖可以好好呈現兩種要素完美配合會是什麼情況，同時也顯示出，若兩種要素皆不存在，會發生什麼狀況。

- 這個案例摘自美國管理學大師史蒂芬・柯維（Stephen Covey）的《與成功有約：高效能人士的七個習慣》（*The 7 Habits of Highly Effective People*）。

- 例圖描繪出從低到高的信任和合作關係。

- 要是兩者皆低，人就會彼此猜疑，戒備心重，意思是最後結局會是一方贏、一方輸，甚至可能陷入僵局。

- 在中間層，也就是雙方比較能尊重彼此觀點、可以講道理的階段，理想狀態是能交換不同觀點，達到明理的妥協，促成強大成果。

- 當信任和合作程度都高，就會達成所謂的協同雙贏局面。柯維描述，這需要的是一種理解對方觀點的心態，因為他們願意相信對方聰明、有能力又盡職。

學以致用練習 14

挑一個你公司的董事會、團隊或委員會,利用防備、尊重、協同三種標準,在圖表上標示出他們的信任和合作程度。如果關係屬於協同,就不太有問題。如果雙方的信任和合作程度都低迷,就勢必找出原因,想方法改善。使用這張圖表,改善任何團體內部的溝通。

15 金字塔轉換菱形圖：
濃縮捕捉市場變化

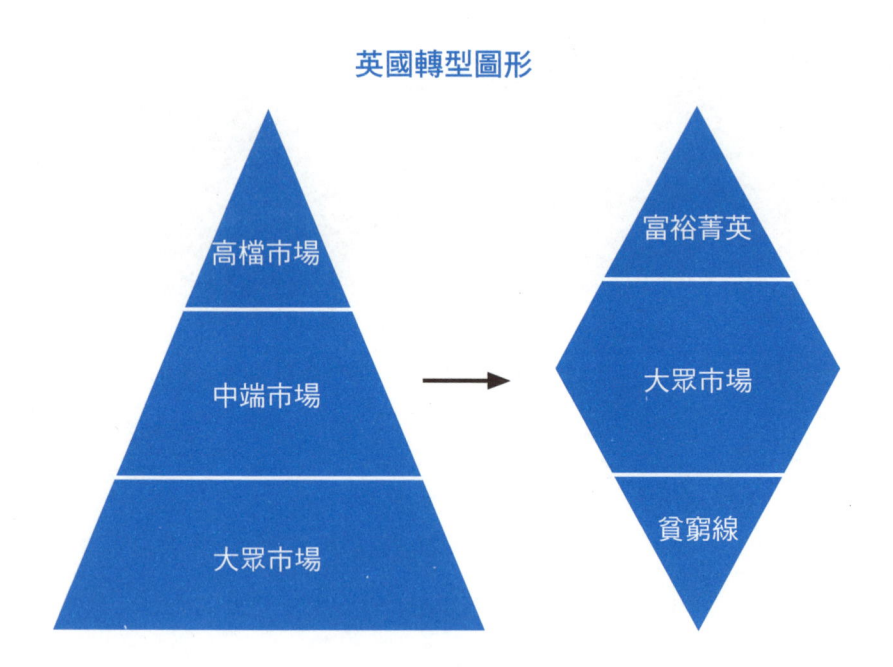

適用情境 ➜ 創新改革、報告呈現

英國轉型圖形

金字塔（由上而下）：高檔市場／中端市場／大眾市場

➡

菱形（由上而下）：富裕菁英／大眾市場／貧窮線

- 這兩張優雅圖表來自過去的三一鏡報出版社（Trinity Mirror）的某份報告，而三一鏡報也是《每日鏡報》（*The Daily Mirror*）等公司的老闆。

- 左側的金字塔代表 21 世紀前的英國階級分層，由大眾市場「鞏固」高檔市場和中端市場。

- 隨著時間來到越來越繁榮富庶的 2000 年代，形狀也出現明顯變化，有些人滑落貧窮線下，富裕菁英變得越來越富有，大眾市場人數擴張，尤其大家普遍認為房屋、汽車、固定度假等成為標準生活的一部分。

- 圖形的形狀變化深具戲劇張力，可以濃縮捕捉一個國家的轉變，同時又不需要繁瑣的圖表或文字輔助。

- 請記得加上箭頭，顯示轉型的方向。

學以致用練習 15

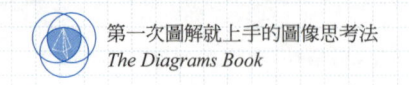

　　想像某個環境出現重大變革,選一個適合代表原始狀態的圖形,再選一個象徵全新狀態的圖形。若有必要,可以把圖形切割成不同區塊,加入補充用的細節。若是想要檢查圖表是否合理,可以把兩張圖表分開拿給別人看,確保圖表清楚傳達你的意思。接著,再請對方同時看這兩張圖表,看看圖表是否真的表達你的論點。

適用情境 ➜ 顧客研究、領導管理

16

顛倒領導金字塔：
解鎖團隊的最高潛能

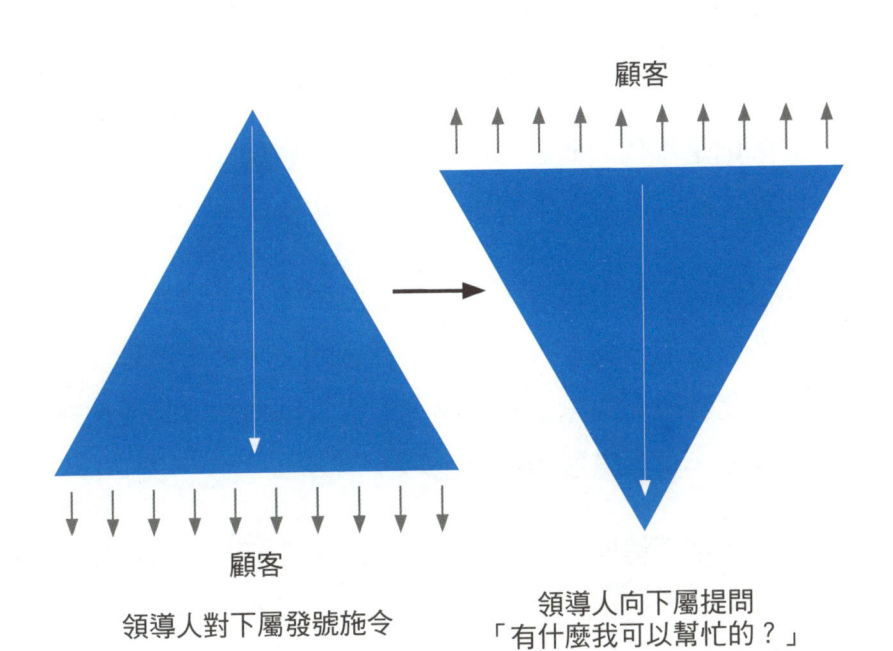

顧客

領導人對下屬發號施令

領導人向下屬提問
「有什麼我可以幫忙的？」

- 「顛倒領導金字塔」的概念，參考自克里斯・賀斯特（Chris Hirst）所著的《領導就是帶人從起點到完成目標》(No Bullsh*t Leadership)。不過，圖表名稱則是由本書作者所命名。

- 左圖是傳統老派公司的領導法，領導人向下屬發號施令，十個向下的箭頭象徵員工與顧客互動時，只對上層唯命是從，因而形成一種依賴文化，也就是有才能的人往往沒有自我思考與行動的機會。

- 右圖則是現代人偏好的做法，領導人會詢問員工，他們與顧客的互動時，上層應該如何支持協助。

- 如果你是一個領導人，希望解鎖團隊的最高潛能，那你就需要塑造一種人人都能解決挑戰的文化，意思是前線員工化身組織最重要的人物，領導人則退為導師或教練的身分，更添謙遜和指導色彩。

- 和「金字塔轉換菱形圖」一樣，請使用箭頭表示轉變的方向。

學以致用練習 16

想像某公司、部門、單位或團隊的圖形與架構,接著取某些圖形進行實驗,顯示現階段的狀況。想一想圖形是否夠好、是否需要轉型,然後找一個能改善狀況的圖形,把舊圖置於左側,期望中的理想圖形放在右側,並找一位同事進行測試,請他幫忙查看這兩張圖表能否表達你的想法。

17

適用情境 ➡ 規劃技巧

魚骨圖：
分析特定結果的可能成因

- 這是 1940 年代日本學者石川馨博士於東京大學所研發的圖表，最早設計成一種產品改良工具，後來卻普遍被當作解決問題的圖表，因而有了自己的生命。魚骨圖的主要用途是用來分析特定結果的可能成因。

- 這張圖表能讓人看清各種可能導致或走向某種結果的成因，這和日本人的思維息息相關，他們相信品質改良應該是一種持續不斷的進程，顧客服務則和高品質產品一樣重要。

- 當思考陷入窠臼，或是需要揪出尚不明確的嶄新連結或關聯時，這張圖就非常好用。

17. 魚骨圖：分析特定結果的可能成因

- 範例中的文字摘自美國教學顧問大衛・柯頓（David Cotton）的著作《聰明解決之道》（*The Smart Solution Book*），探討客戶不足的問題及其可能成因。

- 下一頁是簡化版的魚骨圖。

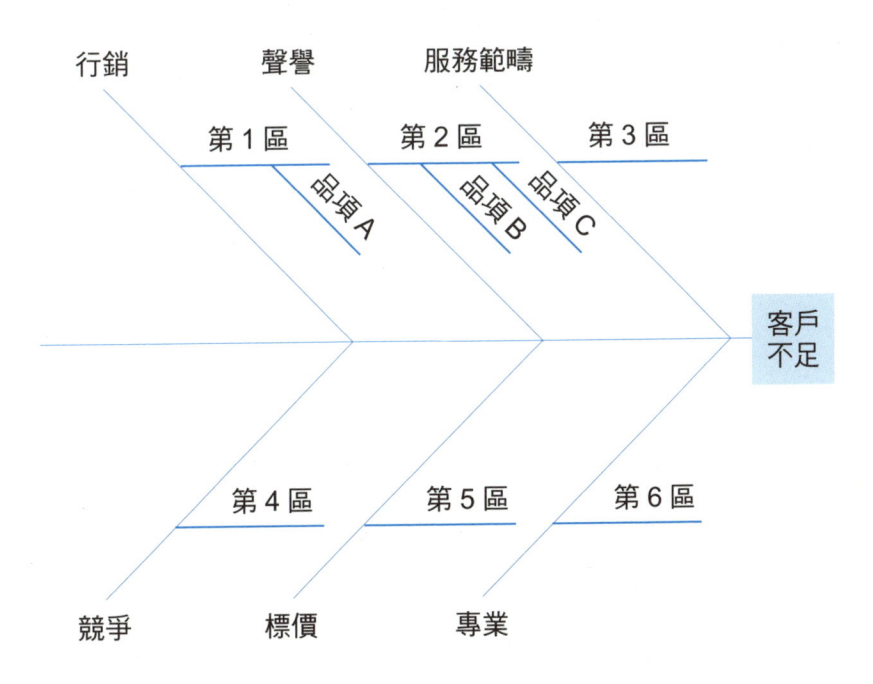

行銷　　聲譽　　服務範疇

第1區　　第2區　　第3區

品項A　品項B　品項C

客戶不足

第4區　　第5區　　第6區

競爭　　標價　　專業

學以致用練習 17

找出一件需要謹慎分析的事物，可能是公司進展不順的事項。先畫出魚骨椎骨，再開始加上可能導致困境的「肋骨」，重複這個步驟，直到畫出一副完整的魚骨，接著查看每項要素，定義寫出相關原因，直到圖表完成。依據你的分析尋找補救方法。

18

適用情境 ➡ 數據應用、決策思維、規劃技巧

解方效應分析圖：
檢視解決方法是否有效

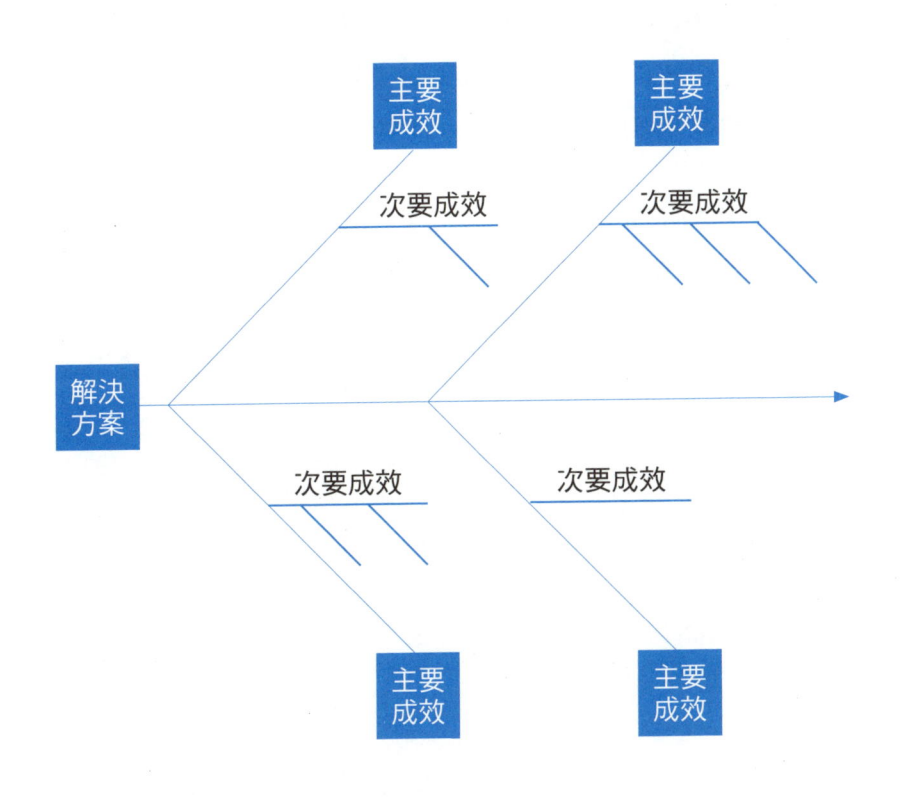

```
                    ┌──────┐              ┌──────┐
                    │ 主要 │              │ 主要 │
                    │ 成效 │              │ 成效 │
                    └──────┘              └──────┘
                       次要成效              次要成效

    ┌──────┐
    │ 解決 │─────────────────────────────────────────▶
    │ 方案 │
    └──────┘
                       次要成效              次要成效
                    ┌──────┐              ┌──────┐
                    │ 主要 │              │ 主要 │
                    │ 成效 │              │ 成效 │
                    └──────┘              └──────┘
```

85

- 說穿了,這其實就是一張標準的魚骨圖。

- 和呈現因果關係的圖表相反,這張圖的設計用意是檢視某種解決方法是否真有成效,算是買個保險,在執行某個可能開天窗和結果不如預期的計畫之前,確保方法是真的萬無一失。

- 「樹幹與樹枝」的三角形設計可以劃分出,提議解決方案可能帶來的主要成效和次要成效。方格是主要成效,從方格岔出的樹枝則是次要成效。

- 過程中,你需要保持思想開放、誠實心態,以及你對公司、領域類別或產品的透徹知識。

- 使用這個方法,就可以在隱患或徹底失敗發生之前先發制人。

學以致用練習 18

思考一個你需要解決的問題,找到一個大家都贊成的解決方案,然後找幾個心態開放、誠實、熟悉問題的同僚,概述解決方案並且預期該方案可能的主要成效,接著更深入預估次要成效。看看你們是否能在這個過程中挖出意想不到、需要修正或重新考量的層面。

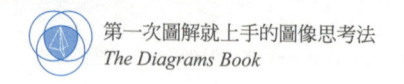

19 適用情境 ➡ 付諸行動、溝通表達、化解衝突、決策思維、排除阻力

說服我吧金字塔：
評估是否繼續的決策工具

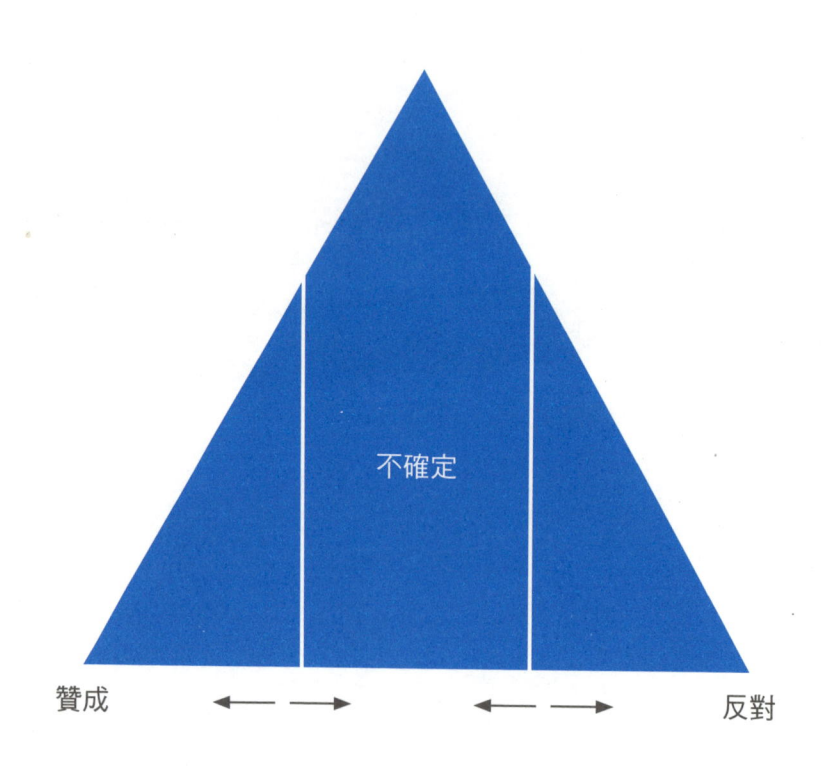

不確定

贊成 ←→   ←→ 反對

- 說服我吧金字塔是一種決策工具，能夠釐清是否該繼續進行某件事。最實用的方式就是和團隊一起使用，但也能獨自使用，評估某個讓你五味雜陳的決定或提議方向。

- 整個金字塔範圍涵括眾人對某個構想的各種意見，從贊成、不確定到不贊成都有。

- 問問自己或團隊中誰贊成這個構想，並畫出一條縱線，顯示贊成意見的比例。接著詢問反對意見，再畫出一條縱線。要是團隊中有的人棄票或不確定，就把他們放在「不確定」的中間區域。

- 接著，討論大家會願意因為哪些因素改投贊成票，然後再表決一次，看看現在大家的意見是否偏向贊成，如果還是沒有，就接受反對聲浪太強烈的事實，重新思考一個更好的構想。

- 如果團隊所有人都在同一個空間，也可以實際操作，請團隊成員走向室內不同角落，投票表決「贊成」或「反對」，顯示出集體意見的比重。

- 金字塔的用字可以更換，例如左側能改成接受，右側是抗拒，中間是無所謂，可以自行決定切換。

學以致用練習 19

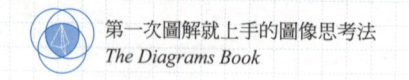

　　選一個需要做出決策的主題或工作案，如果你獨自作業，就把自己的意見寫進金字塔。如果是團隊合作，就在金字塔內寫下眾人觀點，然後一起討論大家遲疑不定的原因，看看是否能戰勝這些因素。如果可以就繼續進行，如果無法，就接受眾人不接受這個構想的事實，腦力激盪更好的點子。

20

適用情境 ➡ 顧客研究、促進成長、銷售分析、策略布局

價值楔形圖：
判斷自己的競爭優勢

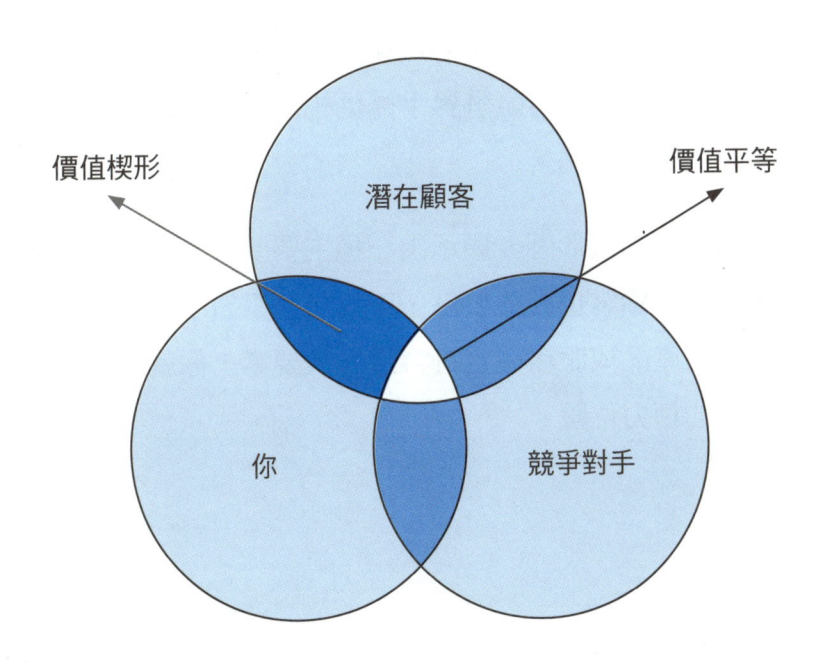

價值楔形

價值平等

潛在顧客

你

競爭對手

91

- 「價值楔形圖」的概念，出自美國商業顧問皮特森（Erik Peterson）與里斯特勒（Tim Riesterer）所著的《搶下最強銷售的對話》（Conversations That Win the Complex Sale），本章節圖即摘錄自該書。圖表第一步是繪製一張三方交集的文氏圖，分別標示**你（所提供的產品或服務）、你的競爭對手、你的潛在顧客**。而你與潛在顧客之間的交集區域，正是「價值楔形」的所在；但這個價值楔形必須小心避免落入「價值平等」的陷阱——因為一旦你與競爭對手提供相似的產品或服務，便會失去競爭優勢。

- 右側最終的楔形圖表顯示出三種主要要素：**唯你獨家販售、潛在顧客重視的要點、可攻防競爭對手的優勢**。如果你的產品或服務確實符合這三大要素，你就站在作者所稱的權力位置。

20. 價值楔形圖：判斷自己的競爭優勢

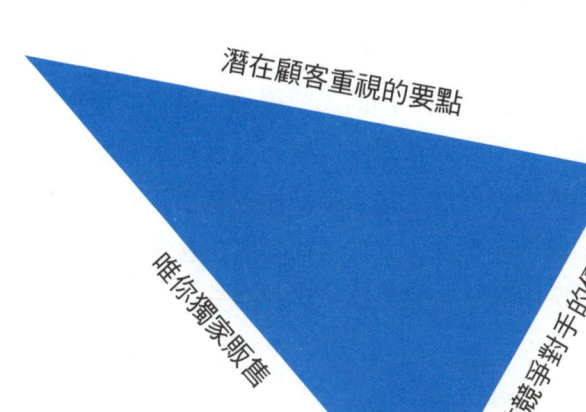

權力位置

潛在顧客重視的要點

唯你獨家販售

可攻防競爭對手的優勢

- 這項技巧提供的是寶貴的三方角度，藉此評估你是否確實具備正確要素，以保障爭取到新客。

學以致用練習 20

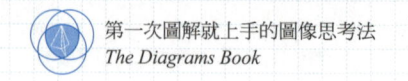

　　選一個你認為可能爆紅熱賣的產品或服務，先從涉及三方的文氏圖開始，標出你、潛在顧客、競爭對手三者。拉出價值楔形，檢視其中成分，你提供的商品或服務，對你的潛在顧客是否具有重要意義？是否只有你獨家販售？是否可以預防與競爭對手出現同樣商品或服務的狀況？如果三個答案都是否定，你就輸定了。但如果三個答案都是肯定的，那你就走在贏家的路上。要是介於這兩種情況中間，就需要進一步評估分析。

Part 2

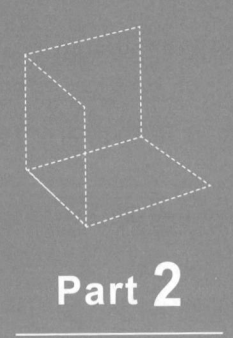

方形和多軸圖：
表現時間、方向，
區分元素和市場

方形，其實一點也不方正。

一條直線可以表現時間或方向。

兩條直線可以組成水平和垂直軸線。

兩條軸線交叉，你就畫出一個網格。

再加幾條軸線，你就得出一個方形。

網格可以衍生出象限，非常適合用來區分元素和描繪市場。

兩條性質相異的軸線可以重疊，並且重複這個步驟，直到得出清晰的結論。

置於哪個象限最受歡迎，文化是主要推手。大多西方國家偏好右上角，阿拉伯國家則是從右讀到左。

可以調整比例，以強調問題或機會的規模。

適用情境 → 促進成長

成長長方格：
解鎖工作和生活上的優劣

	好	
舊	確認可行，予以保留	再次肯定可行， 用來激發更多靈感	新
	立即捨棄	分析原因， 記取教訓， 設計新方法	
	糟	

- 你可以運用這張圖表，解鎖工作生活、公司業務、甚至個人習慣上的優劣好壞。

- 垂直軸線的上方代表好，下方代表糟。

- 水平軸線的左邊代表舊，右邊代表新。

- 這張長方格圖表可以用來分類流程、技巧或習慣。如果某件事物舊卻好，就會被分配到左上角的象限。

- 如果你有好幾個做法被分類在「舊卻好」，完全沒問題，很顯然禁得起時間考驗，也具有成效。

- 如果有幾項被分類在「又新又好」，甚至更棒，意思是你想出有效優異的構想，新與舊的融合是一種健康的組合。

- 要是有「新卻糟」的組合，就得審慎分析評估。拒絕剛推出的構想或流程需要勇氣，但修正調整卻很必要。

- 要是「又舊又糟」象限中有答案，很顯然不奏效，應該立即放手。

學以致用練習 21

選擇一個可以分析的主題,挑選數量應付得來的事項進行審查,最多不要超過 10 至 12 個。一一查看,分別放進適當的象限中,根據最終需要採取的行動,列出一份行動清單。

22

適用情境 ➡ 改善效率

優先事項矩陣：
讓工作步調井然有序

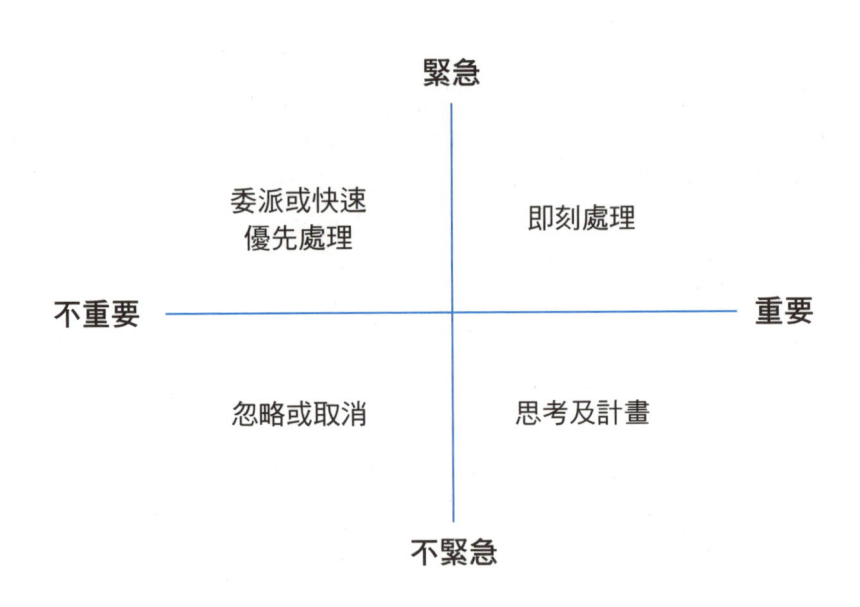

```
                    緊急
                     │
        委派或快速    │    即刻處理
        優先處理     │
                     │
   不重要 ──────────┼────────── 重要
                     │
        忽略或取消   │    思考及計畫
                     │
                     │
                    不緊急
```

- 優先事項矩陣可以用來設定工作清單事項的優先順序。

- 可用於規劃一天、一週、一個月,甚至一整年時間。

- 垂直軸線代表「緊急、不緊急」的事項,水平軸線是「重要、不重要」。

- 若是既緊急又重要,就歸類在右上角,需要即刻處理。「即刻」的確切定義很廣,可從今天開始,然後為各項任務排列優先順序。

- 若是緊急卻不重要,可以就委派他人,或是儘速優先處理,在截止日期前解決。

- 如果很重要卻不緊急,思考自己必須採取什麼行動,安排規劃執行的時間,一定要立刻把表定時間寫進行事曆中,切勿拖延,否則又多出一件事。

- 若是既不重要也不緊急,你就該質疑為何要做這件事。要是可以,直接忽略或取消任務。

學以致用練習 22

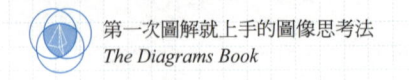

　　拿出你的待辦事項清單。選擇一段可以執行任務的期間，譬如一天、一週、一個月，接著畫出優先事項矩陣，分別將每項任務放在適當象限中，井然有序地規劃行動，並且從最緊急的事項開始。

23

適用情境 ➜ 策略布局、釐清思考

市場分析圖：
掌握市場現況和關鍵策略

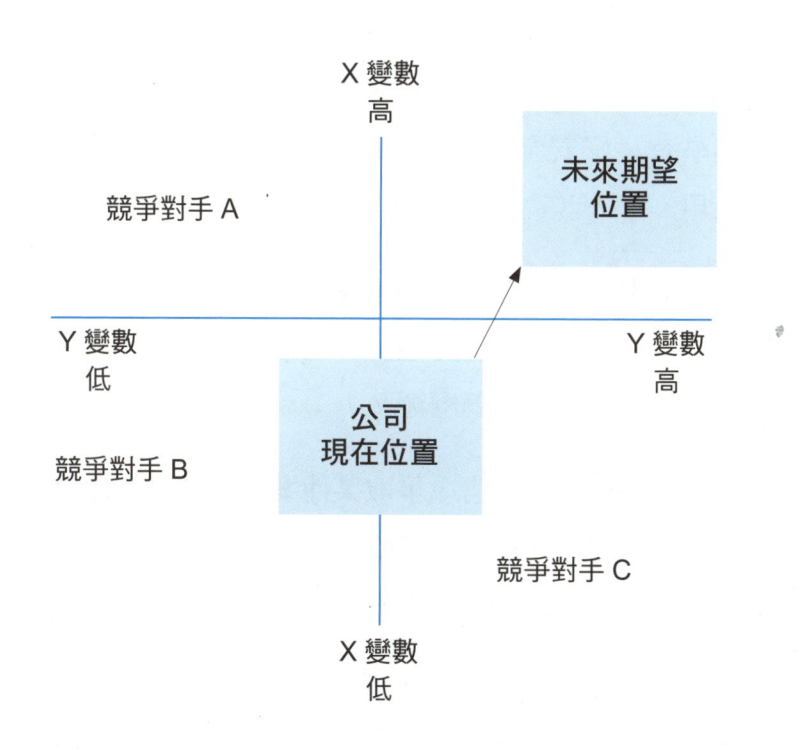

```
              X 變數
               高
               │
               │          ┌─────────┐
               │          │ 未來期望 │
  競爭對手 A    │          │   位置   │
               │          └─────────┘
               │                ↑
Y 變數─────────┼───────────────╱────── Y 變數
  低           │          ╱              高
               │    ┌─────────┐
               │    │  公司   │
  競爭對手 B    │    │現在位置 │
               │    └─────────┘
               │
               │          競爭對手 C
               │
              X 變數
               低
```

103

- 市場分析圖，是一種高效且可以靈活實用的分析工具，能幫你清楚掌握市場現況，並看出關鍵策略方向。

- 先為某市場挑出兩項重點要素，例如：假設是汽車市場，可能就是價格和安全性能的名聲。

- 由高到低的位置，畫出兩條相交的座標軸線，高端一定是在右上角的位置。

- 將你的公司和競爭對手放進網格。就這個例子來說，一部享有良好安全性能聲譽、定價高昂的汽車會放在右上角。

- 利用得出的結果區別市場差異或明顯重疊的特性。落單可能是好事（比較有特色），也可能是壞事（要是其他人知道你不曉得的怎麼辦？）

- 如果你準備提案報告、爭取某件案子，那麼指出當前的不足，並解釋你的提案將如何改善情況（移向右上角的位置），就會是非常強大的做法。

- 中間格子指向右上角的箭頭就是你希望發展的方向。大多策略都是因應某種需求而生，這代表如果你的提案獲得採納，發展就會朝有利方向進行。

學以致用練習 23

　　選擇你要分析的市場或產品類別,先選好兩項變數,然後把你的公司或品牌、競爭對手放進網格,並依照你的想法,加入不同變數和全新組合,然後檢查結果,找出哪裡蘊藏最佳商機、下次應該採取哪種適當行動。

適用情境 ➔ 化解衝突、談判協商

24 交易平台圖：
適合商業談判的事前準備

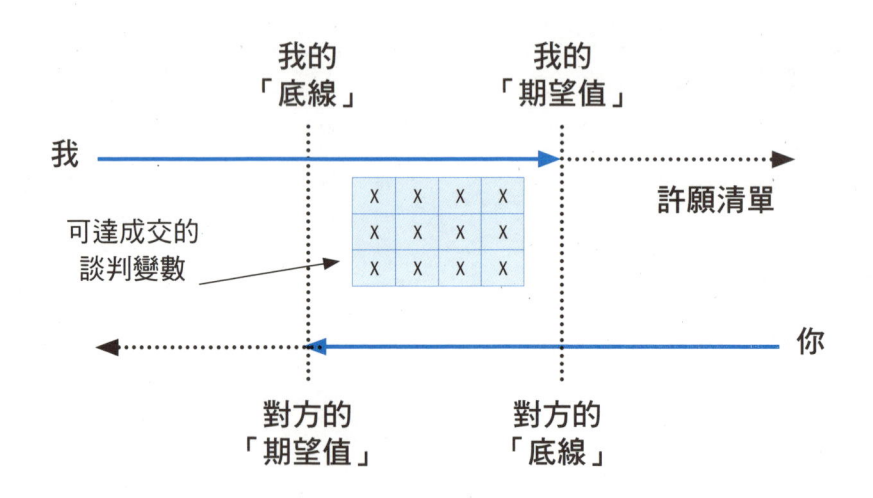

我的「底線」　　我的「期望值」

我 ─────────────────▶
　　　　　　　　　　　　　　　　許願清單

可達成交的談判變數 → | X X X X |
　　　　　　　　　　 | X X X X |
　　　　　　　　　　 | X X X X |

◀───────────────── 你

對方的「期望值」　　對方的「底線」

- 交易平台圖，特別適合用來準備商業談判前的策略分析。

- 把你自己或公司放在圖表左側，談生意的對象或公司放在右側。

- 談判線的第一個點顯示的就是你的「底線」，也就是你絕不容許更低的數字，例如若是與價錢有關的談判，你打算出售一項產品或服務，最初購買價是 7,000 英鎊，那麼 7,000 英鎊就是你的底線。

- 下一個點是你的「期望值」，也就是你期望談成的數字，在這個案例中可能是 9,000 英鎊，如此一來，你才可能從這場交易中獲取合理利潤。

- 至於「許願清單」，指的是如果談判進行得格外順利，你希望額外爭取到的好處。

- 在對方的談判線上，標記出他們可能會有的「底線」、「期待值」和「許願清單」，某些條件會在中間位置交叉重疊。

- 這張交易平台圖能幫你找出有可能換得成交的關鍵變數，讓談判雙方都能用對籌碼，談出雙贏的結果。

學以致用練習 24

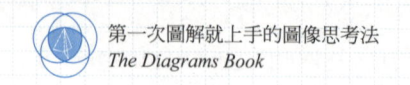

選擇一個談判主題，決定你的最低「底線」，再加上「期望值」，如果你的「底線」和「期望值」提前獲得滿足，就可以開始構思一份許願清單。接著想像你是對方，列出對方可能提出的底線和期望值，看看彼此的需求是否有交叉重疊，並決定你認為最關鍵的談判變數。現在就策劃你的談判手法吧。

適用情境 ➜ 創意發想、任務排序、銷售分析

25 大膽量表：
投入時間和心力前的步驟

```
0 |————————————|————————————|————————| 10
       保守           中庸         大膽
```

- 大膽量表很適合在投入大筆時間與心力準備之前，決定某工作專案或提案是否應該採取大膽行動。

- 在一段健康開放的顧客關係中，我們應該要能詢問顧客：「請問你希望我們的提案多大膽？」

- 使用一張滿分為 10 分的量表，看看要走保守路線（低於 5 分），還是中庸（5 到 7 分），或是大膽路線（7 分前述）。

109

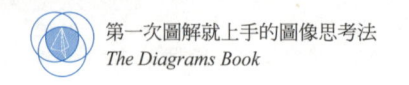

- 這時，工作專案的主管或提案人可以思考：

    1. 這間公司的文化有多勇於冒險？
    2. 專案負責人有多勇於冒險？
    3. 這兩者之間是否存在差異？
    4. 綜合前述考量，我們的目標設定應該多大膽？

- 可以把分數合併統整成一個數字。例如，要是遇到一間要求冒險嘗試的保守公司，量表數值可能會往下調降，以配合他們整體的保守風格。

- 當然，提出的問題也會依據工作性質而有所改變。

- 要是某份工作案即將進入尾聲，量表就能當作一種提醒，讓他們回想一開始要求的冒險程度，因而提供一個比較數值。

- 對服務業來說，這張量表尤其好用，例如客戶和代理公司，因為在這種關係中，作業的冒險程度常拿出來討論。

學以致用練習 25

挑選一名客戶或一份提案。思索提出哪些問題能提供最有價值的指引,並請聽取提案的對象或團隊回答問題。利用對方的回答,協助進行提案的同事了解客戶的期望,然後利用量表評估不同想法,再決定哪些要納入提案,並在提案時,把量表當作框架,設定並管理客戶的期望值。

適用情境 ➡ 談判協商、銷售分析

26 購買障礙軸線：
揪出障礙，並一一拆解

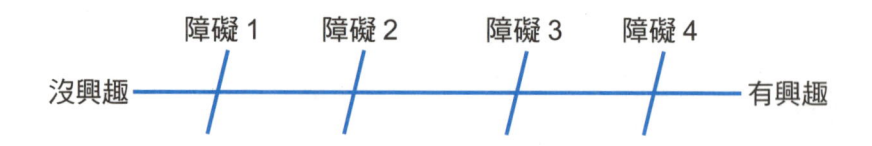

```
          障礙1    障礙2    障礙3    障礙4
沒興趣 ─────┼───────┼───────┼───────┼───── 有興趣
```

- 這張圖表運用直線和軸線，充分展現某事物的進展。

- 在購買障礙軸線中，左側是不採取行動或沒興趣，右側則是感興趣或採取行動。

- 軸線上的每道刻度都象徵一種購買障礙，這裡指的是潛在顧客不買產品的各種理由。

- 利用這張圖表標示出決策過程,就能發現並揪出每個購買障礙。

- 從顧客的角度為出發,假設他們拒絕你的提議,拒絕的裡由有哪些?而這些就是你面臨的障礙。

- 接著,你就能設計一一拆解障礙的計畫。

- 試想要是遭遇多重障礙,可能要花一點時間才能解除障礙,尤其要是對方提出的原因很詳盡。不要急,尤其要記得留一點時間給顧客,讓他們在重新考慮你的提議時不覺顏面盡失。

學以致用練習 26

　　選擇一個產品和潛在顧客類型，利用軸線一一列出對方不想購買的理由，若有必要就以時間順序列出購買障礙，或是把最主要或困難的因素置首，放在最左側，然後發想一一拆解障礙的計畫。

適用情境 ➜ 設計流程

方格流程圖：
解說各種工作制度

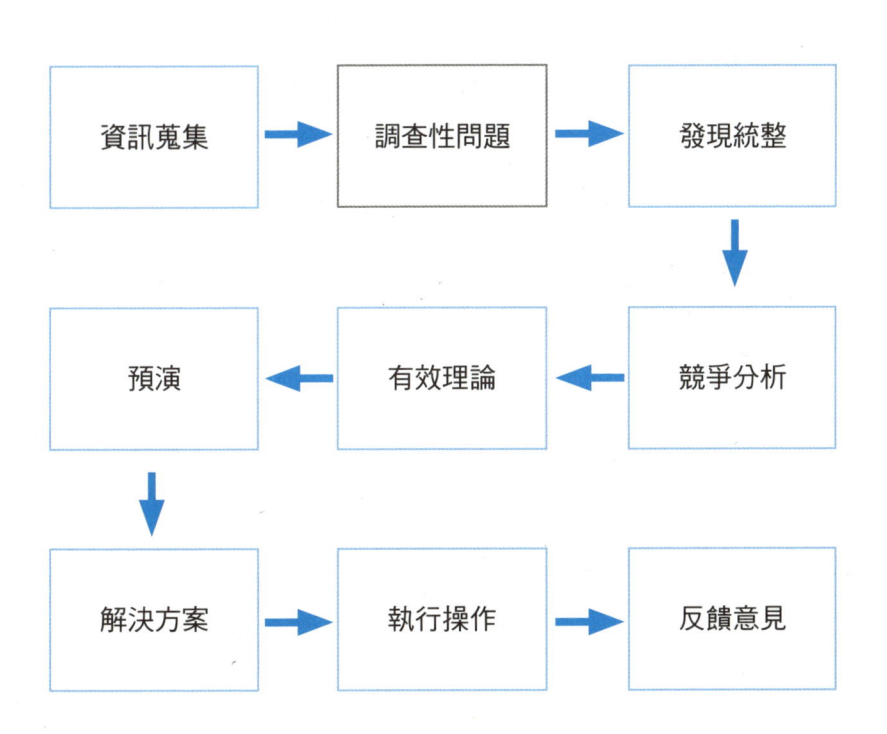

資訊蒐集 ➜ 調查性問題 ➜ 發現統整
⬇
預演 ⬅ 有效理論 ⬅ 競爭分析
⬇
解決方案 ➜ 執行操作 ➜ 反饋意見

- 方格流程圖，可以用來簡單解說各種工作制度。

- 每個方格都代表一種工作階段，格子內的描述應該簡潔扼要，若有幫助亦可加上時長。

- 每個階段旁邊會加上指出方向的箭頭，顯示下一個步驟，正確的排列順序非常重要。

- 本章節案例共有 9 個階段，從資訊蒐集到有效理論，最後是執行操作和反饋意見。

- 可以在象徵不同階段的方格中填入成本，以助釐清每個階段的成本。

- **一張流程圖至少需要 3 個階段，才算得上一張圖表，超過 9 個階段可能太複雜。**

學以致用練習 27

　　取一流程並拆解成不同階段,於各個方格中填入不同流程階段,確保順序正確無誤,最後加上箭頭,描述盡可能保持簡單明瞭,若有幫助,可為每個階段加上時長和成本。請同事幫忙查看,確保圖表夠清晰易懂。

第一次圖解就上手的圖像思考法
The Diagrams Book

28

適用情境 ➜ 創新改革、策略布局

長尾理論圖：
比較商品的優勢與限制

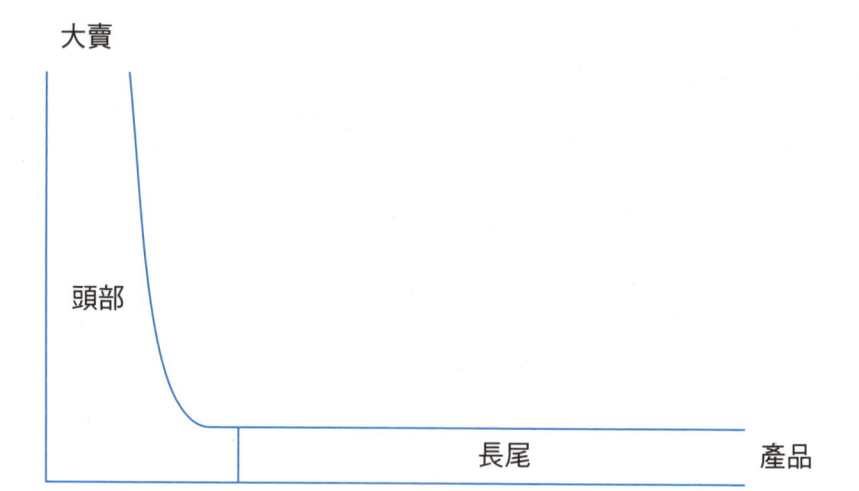

大賣

頭部

長尾　　產品

- 長尾理論圖，首次出現在 2006 年美國知名雜誌《連線》（*Wired*）總編輯克里斯・安德森（Chris Anderson）的同名著作《長尾理論》（*The Long Tail*）。

- 絕大多數的市場觀點是，銷量大的「暢銷品」最有利可圖，就好比銷售 100 萬張的專輯。

- 安德森的長尾理論指出，隨著網路的降臨，昂貴場地、儲藏空間、物流分配、包裝、勞工等製作和支援銷售品的基礎設施需求也跟著降低。

- 比起單一暢銷產品，許多銷售額不驚人的小眾產品就像「長尾」，細水長流反而更能累積高銷售總額。

- 整體來說，使用長尾理論圖表，可以比較暢銷商品與投入資源較少的小眾產品，從中看出各自的優勢與限制。

學以致用練習 28

　　挑一個市場,找出一件可以創造高利潤的產品和銷售量,接著製成長尾理論圖。再找出幾件壓低物流分配等開銷成本的小眾產品,在圖表兩端量化顯示這兩種產品,挖掘哪個才具有真正的市場機會。

Part 2
29. 市占率直方圖：呈現需要比較的數值

29

適用情境 ➜ 數據應用

市占率直方圖：
呈現需要比較的數值

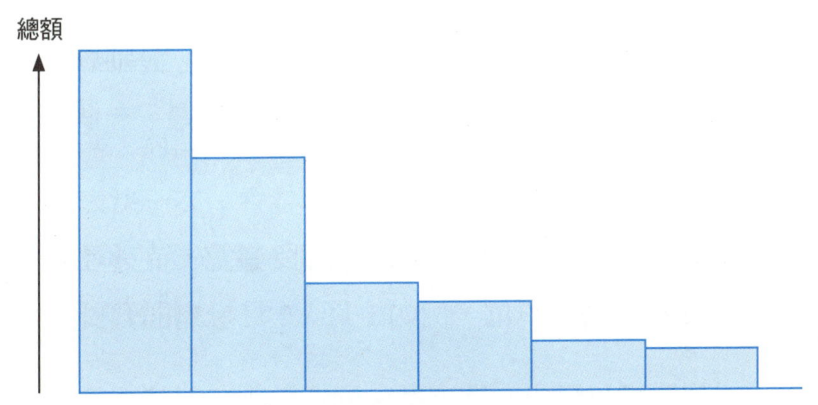

總額

依序排列的數量或價值

121

- 簡單典型的直方圖是運用長條方形,示意數量、價值、百分比等其他需要比較的數值。

- 傳統來說,價值最高者置於左側,其餘則按照順序,往右邊逐漸遞減。

- 左手邊的垂直軸線,應該要有清晰明確的規模。

- 如果所有數據僅象徵某一時間點的整體概況,就可不必標記水平軸線。

- 直方圖也能用來顯示延續一段時期的數據,分別以每個長條方形代表一段時間,可以是一天、一週、一個月或一年。

- 如果你製作的是牽涉時間的直方圖,就必須在水平軸線上清楚標示時間單位,例如1月、2月、3月等。

學以致用練習 29

　　挑一個目前只有數字形式的數據,決定你要描繪某個時間的整體概略,或是跨越一段時間的連續性進展。以等比方塊呈現數字,製成直方圖,比起單純觀看一連串數字,利用視覺的方式呈現數據,可以透露出更多資訊。

適用情境 → 創意發想

九點連線圖：
「跳脫框架式思考」的起源

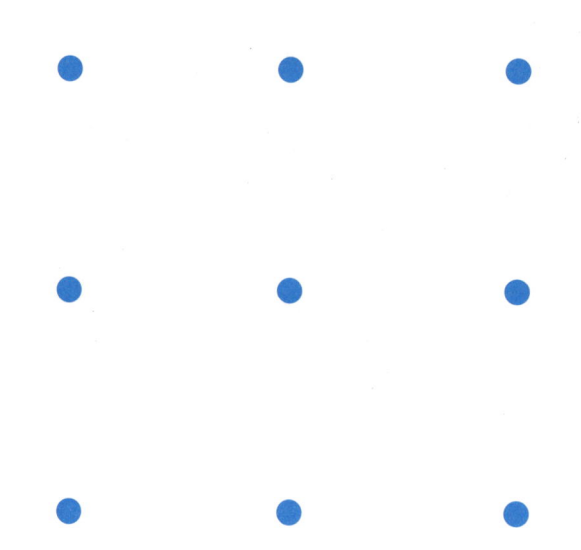

- 在這個部分的最後，我們以一張惹惱眾人多年的有趣圖表做結尾。

- 在這張圖表或九點連線遊戲中，三排各有三個點，形成猶如方格或正方形的模樣。

- 九點連線遊戲源於某場辯論，但是英國管理思考大師約翰・阿代爾（John Adair）卻聲稱，這是他於 1969 年推出的概念。

- 這張圖表有一個挑戰，那就是必須在紙上一筆串起所有點，而且最多不能超過四條直線。

- 解決方法有很多種，我會在下一頁提供兩種可能解法，如果可以，請忍住別翻過去看答案。

- 重點是，如果你把這九個點想成一個方形框架，就解決不了難題。

- 正因如此，這個遊戲常被視為「跳脫框架式思考」的起源。

- 不過相較於這句話想表達的意思，大多研究顯示，局限在狹隘範圍內，更有助於解決難題，所以事實上框架式思考才反而有效。

九點連線圖解法

解法 1

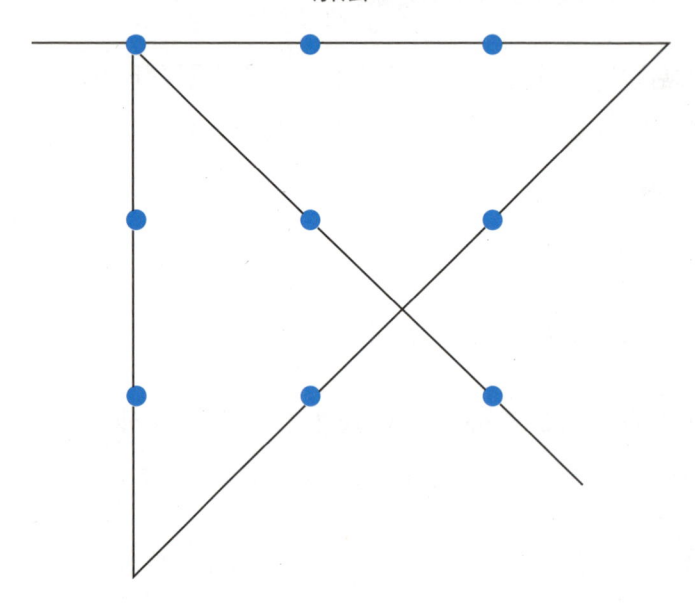

解法 2

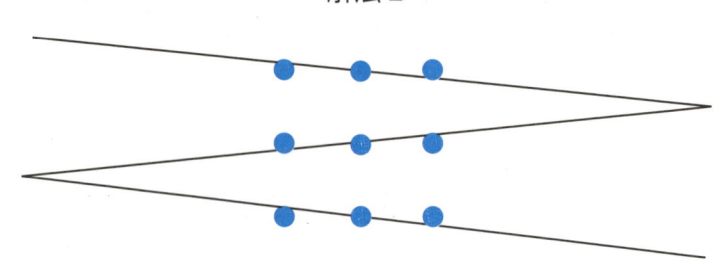

Part 2
30. 九點連線圖:「跳脫框架式思考」的起源

學以致用練習 30

　　翻到下一看正解前,在一張白紙上畫出跟這張圖表一樣的九個點,試著最多使用四條線,一筆串起所有點。

31

適用情境 ➡ 化解衝突、談判協商、人際關係、團隊工作

雙贏矩陣：
達成共識，人人都能獲利

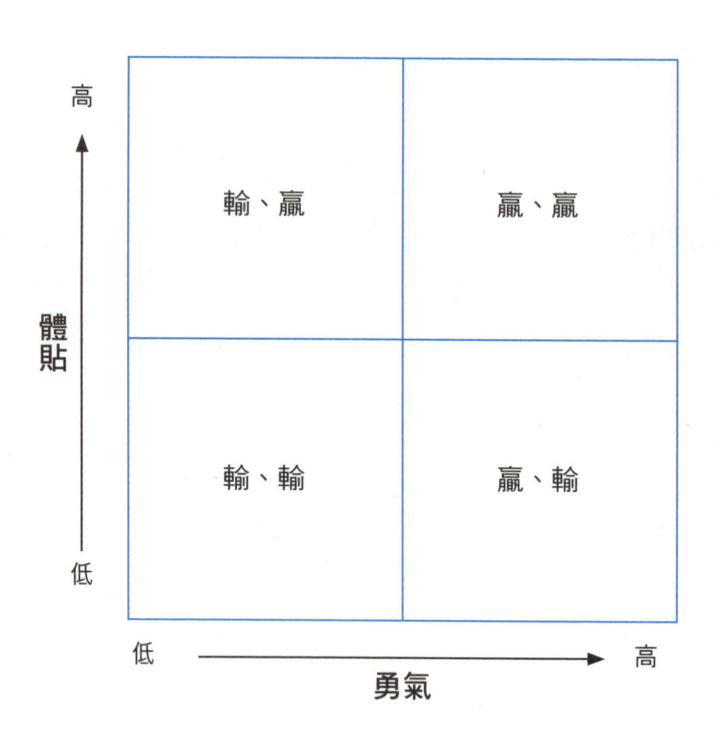

	低 勇氣 高	
高 體貼	輸、贏	贏、贏
低	輸、輸	贏、輸

31. 雙贏矩陣：達成共識，人人都能獲利

- 這張是史蒂芬‧柯維的經典圖表：雙贏矩陣。圖表以從低到高的縱線表示體貼，由低到高的橫線則代表勇氣。體貼指的是關心別人或團隊、不是只顧私利，勇氣指的是勇敢為自己挺身而出，於不聽從他人指使。

- 要是體貼和勇氣都低迷，那麼所有人都是輸家，往往是因為雙方都太自私或頑固，不願調整個人的態度或立場。

- 若是贏或輸的情況下，贏家可能會覺得自己全面大勝，卻因為太不留情面，虧待輸家，而毀了原本可能的長期合作關係。

- 在輸或贏的情況下，沒有勇氣拒絕的輸家只能任憑他人擺布。

- 所以你想要站的位置應該是雙贏，雙方在交流過程中，都覺得達到某種正面有益的平衡，也可以形容成是一種豐盛心態，也就是所有人都能達成共識，人人都能從中獲利。

學以致用練習 31

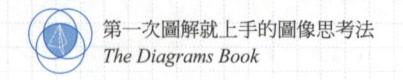

　　思考一場你正在進行的交易或談判,依照前述方法畫出矩陣,把相關變數放進正確的象限中,解決問題,盡可能移往右上角的位置,並決定什麼才是促成對雙方有利的雙贏局面。

32

適用情境 ➜ 決策思維、改善效率、任務排序

時間管理矩陣：
看清什麼該做、什麼該放手

	緊急	不緊急
重要	危機、 急迫問題、 即將到期的案子	預防措施、產能活動、 建立關係、挖掘新機、 規劃、重建
不重要	干擾、來電、電子郵件、 報告、會議、 迫在眉睫的事務、熱門活動	雜事、忙碌事務、 電子郵件、來電、 浪費時間的事物、愉快活動

- 史蒂芬‧柯維的時間管理矩陣，可以和優先事項矩陣合併使用，進而提供更多細節和案件。

- 「重要、不重要」及「緊急、不緊急」的標準和優先事項矩陣一樣，雖然放在不同位置，卻一樣有四種不同象限。

- 「緊急、重要」的活動放在左上角，包括：危機、緊急問題、即將到期的案子，這是「生產」象限。

- 「重要、不緊急」的活動，包括：預防措施、產能活動、建立關係、挖掘新機、規劃和重建。

- 「緊急、不重要」的活動，包括：干擾、來電、電子郵件、報告、會議等。

- 右下角的象限活動，多半只是浪費時間。

- 以符合現代科技和其他狀況的方式，依照個人狀況更新矩陣。

學以致用練習 32

拿出你的待辦清單或完整的工作狀態報告,把每項工作分別放進四個不同象限中,最後依據緊急和重要性,調整你 1 天、1 週、1 月的工作。

33 波士頓矩陣：
分析產品組合，做出明智決策

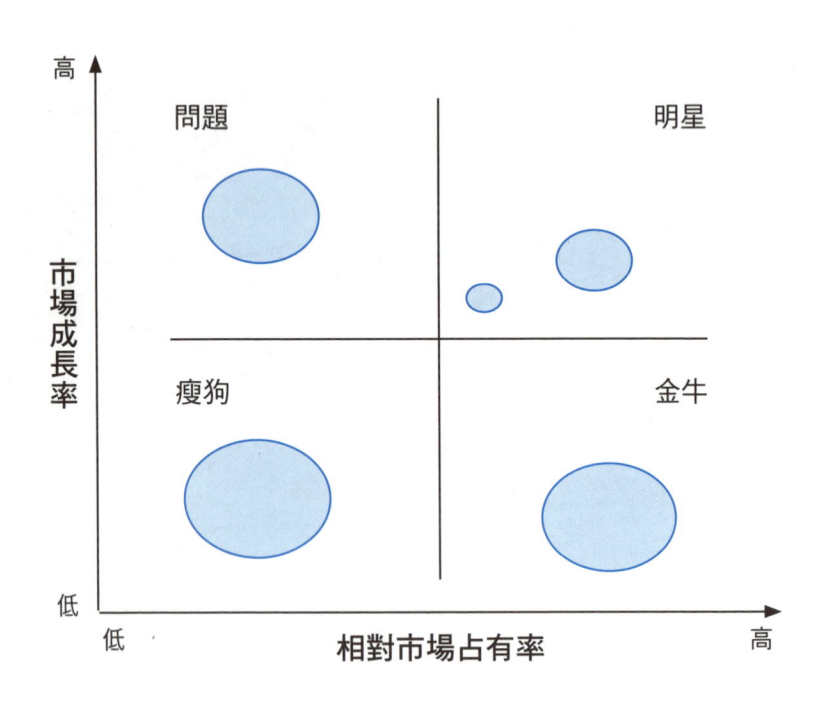

適用情境 ➜ 促進成長、規劃技巧、策略布局

縱軸：市場成長率（低→高）
橫軸：相對市場占有率（低→高）

四象限：
- 左上：問題
- 右上：明星
- 左下：瘦狗
- 右下：金牛

- 波士頓顧問集團（Boston Consulting Group）發明了這個分析產品組合的波士頓矩陣，並以相對市場占有率（產品或服務的市占率是高還是低？）及市場成長率（潛在顧客數字是否有成長？）進行產品分類。

- 波士頓矩陣的版本有很多種，有時方格會出現在不同位置，但元素不變。**具有高成長、高市占率的產品叫「明星」；低成長、高市占率的稱作「金牛」，成長和市占率都低的叫作「瘦狗」，高成長、低市占率的則是「問題」，需要再觀察。**

- 企業可以利用這個簡單粗暴的手法做出清晰決策，是否要支持或撤回某項產品。「瘦狗」通常會遭到剷除，金牛可以繼續進行，「明星」享有廣大支持資源，「問題」則會製成「觀望」簡報。

學以致用練習 33

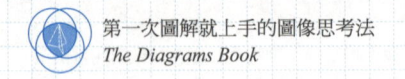

　　找一個產品或服務組合,把每個項目丟進其中一個象限,或是將這方法套用在你目前手頭上的工作案,利用你的發現,決定哪方面需要增加或減少產品所需的時間和資源。

34

適用情境 → 決策思維、組織架構

必要意圖網格：釐清公司業務的定位

	籠統	具體
激勵人心	願景、使命	**必要意圖** 做出可省去 1,000 個決定的決策
平淡無趣	價值	每季目標

- 這張實用圖表出現在美國暢銷作家葛瑞格・麥基昂（Greg Mckeown）的著作《少，但是更好》（*Essentialism*）中，有助於公司釐清業務定位。與其使用一條代表連續範圍的軸線，這張圖表運用一條垂直軸，分類平淡無趣和激勵人心（但屬性範圍不相同），還有一條區分籠統和具體的水平軸。在這裡，具體指的是有清晰證據的事物，例如：明確的銷售數字。

- 左下角往往是平淡無趣的價值，不夠具體，分類在這一區的大致上有用，卻模糊抽象，無法給出明確的決策指導。

- 右下角是每季目標，雖然既明確又具體，卻很難激勵人心。

- 左上角的願景或使命絕對激勵人心，卻不那麼具體，也很難以實際證明有明確進展。

- 右上角的必要意圖必須兼具激勵人心和具體，意思是既有實際意義，也有可量化的數值，例如「到了某某年，全國上下所有人都能上網。」有了如此清晰的目標，就可省去日後的幾千個決策。

34. 必要意圖網格：釐清公司業務的定位

學以致用練習 34

拿出你公司的願景、價值、使命、目標等，依照平淡無趣或激勵人心、籠統或具體的特質，把它們放進不同方格，試著得出兼具具體與激勵人心的必要意圖。

35

適用情境 ➜ 激發動機

周哈里窗：
改善自我覺察和個人發展

	自我察覺	自我未察
開放資訊	開放我	盲目我
隱藏資訊	隱藏我	未知我

35. 周哈里窗：改善自我覺察和個人發展

- 周哈里窗的設計用意在於改善自我覺察，以及在團體中的個人發展，是1955年由美國心理學家周瑟夫·魯夫特（Joseph Luft）和哈里·英格罕姆（Harry Ingham）共同發明，結合兩人的名字得出「周哈里窗」。

- 左上角的「開放我」區域，是個人與團體他者皆知的個人資訊（心態、行動、情緒、感受、技能、觀點等）。

- 右上角的「盲目我」，是個人毫無自覺，但團體中的他者都知道的資訊。

- 左下角「隱藏我」，代表本人知道，故意不隱瞞他人的資訊，往往是不願對外透露的個人資訊。

- 「未知我」區域，則是無人知曉的資訊。

- 資訊會依照誠實、自我實現、開放溝通的程度，在四個象限中移動。

學以致用練習 35

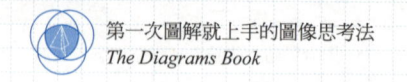

　　這項技能需要團隊上下所有人展現一定程度的坦誠,揭露關於自我的資訊,同時發掘其他人對自我的觀點。但要是實在太不自在,就不要勉強自己繼續下去。若是與極度信任的團隊進行,一般來說大多參與者都能交換資訊,增進對彼此與自我的認識理解,進而破除盲點。

36

適用情境 ➜ 激發動機、排除阻力、釐清思考

無條件式幸福網格：
呈現一個人的心境和認知

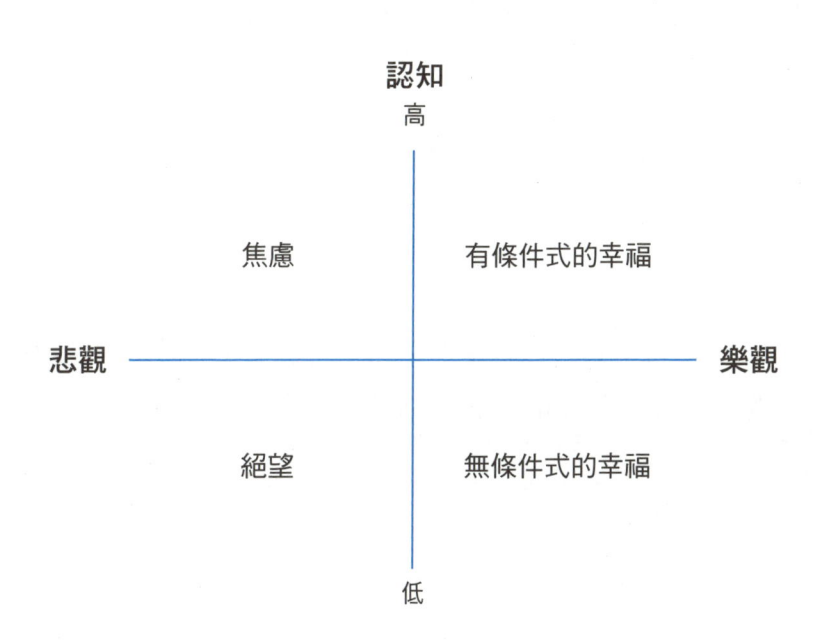

```
                    認知
                     高
                     │
                     │
         焦慮        │    有條件式的幸福
                     │
                     │
  悲觀 ───────────────┼─────────────── 樂觀
                     │
                     │
         絕望        │    無條件式的幸福
                     │
                     │
                     低
```

143

- 無條件式幸福網格，顯示出一個人的心境。垂直軸是範圍廣泛的認知，像是自覺、對一般世界的認識、經驗。

- 水平軸，則是代表悲觀到樂觀的光譜。

- 悲觀又認知（從有自覺到改善個人情境及心境的可能性）低落的人，有可能陷入絕境。

- 悲觀卻自覺性高的人（儘管非出於自身意願），問題可能惡化，導致他們深受焦慮症所苦。

- 樂觀又認知低落（世界觀局限）的人，很可能活在無條件式的幸福中，卻不見得是一件壞事。

- 具有高認知（世界觀遼闊）又樂觀的人，最可能享受有條件式的幸福，也就是擁有積極卻務實的觀點，能夠不失真地從一件事的背景脈絡進行思考。

學以致用練習 36

　　用這個表格，看看你在「樂觀、悲觀」軸線上哪個位置，接著為你的認知評分，了解你的認知程度在哪，思考是否採取行動，讓自己變得更樂觀或是拓展認知。接著為自己的樂觀打分數，再進行相同的評估和調整。也可以與搭檔、同事、其他相關人士使用這項技巧，提升自覺，解決問題。

37

適用情境 ➜ 促進成長、領導管理、組織架構

價值結果網格：
檢視員工的表現和價值

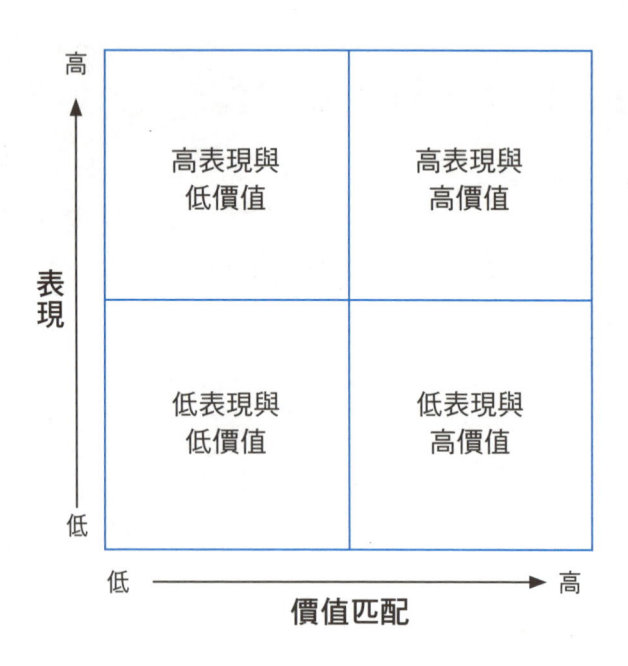

	低價值	高價值
高表現	高表現與低價值	高表現與高價值
低表現	低表現與低價值	低表現與高價值

縱軸：表現（低→高）
橫軸：價值匹配（低→高）

37. 價值結果網格：檢視員工的表現和價值

- 這張網格的發明人是當時世界最大公司奇異（General Electric）執行長傑克・威爾許（Jack Welch）。威爾許的方針備受質疑，讓他成為備受爭議的人物。話說回來，這張圖表探討的是公司必會碰到的員工問題，直到現在還是很適合用來檢視員工問題。這兩個判斷標準就是「表現」和「價值」。

- 先從最殘酷的左下角講起。若某位員工的表現和價值都偏低（或等同於零），不符合公司精神，那他們就該離職（或遭到開除）。

- 右上角幾乎不用多做解釋，這名員工的價值很符合公司精神，績效斐然。

- 右下角象限的員工需要指導，以改善個人表現。

- 左上角的員工是真正的大麻煩，這類員工是能拿出好表現，偏偏調性與公司不合，往往不遵守規則，為達個人目的不惜排擠同事。

學以致用練習 37

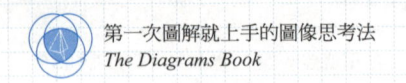

挑一組團隊進行檢視。思考每一個人的表現與價值，然後把他們放進其中一個象限，關於哪位職員誰應該在哪個位置，可以查看你和團隊是否達成共識。觀察每一種類型的比例，是否有需要你處理的重大問題？如果時間允許，可以把這個技巧套用於公司所有職員。

38

適用情境 → 領導管理、談判協商、人際關係、排除阻力、團隊工作

徹底坦率矩陣：
關懷與挑戰兼具的管理

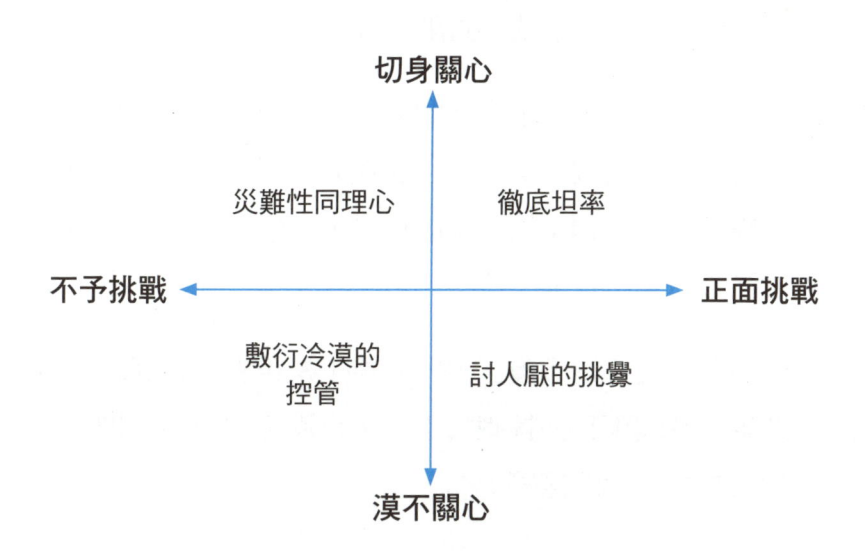

```
                    切身關心
                       ↑
                       |
      災難性同理心      |      徹底坦率
                       |
  不予挑戰 ←————————————+————————————→ 正面挑戰
                       |
      敷衍冷漠的        |      討人厭的挑釁
         控管           |
                       |
                       ↓
                    漠不關心
```

- 徹底坦率矩陣，最初是美國商業顧問金‧史考特（Kim Scott）於個人著作《徹底坦率》（Radical Candor）中提出的觀點。

- 所謂的徹底坦率，指的是老闆切身關心和正面挑戰員工，根據作者，兩者必須兼顧才有可能達到徹底坦率。

- 我們可以從這張矩陣看出，不切身關心的正面迎戰，只是討人厭的挑釁示威，對誰都沒好處。

- 面對員工缺失，不予挑戰的切身關心其實也沒有好到哪去，畢竟這麼做只會造成災難性的同理心。在看似輕鬆的環境下，老闆不給予反饋意見，導致員工無法意識到自己必須有所長進，持續犯錯。

- 漠不關心又不挑戰員工，關於員工是否表現良好或有所進步，老闆不正面挑戰，對員工也漠不關心，只怕會演變成敷衍冷漠的控管。

- 所以建議面對員工，既要關心，也要挑戰。

學以致用練習 38

列出一張下屬名單,套用這個矩陣分析。仔細看看是否有問題區域?列出公司主管的名單,一樣套用矩陣,是否有哪位主管的做法落在三個較不利的位置?若有,就思考可以執行的補救方法。

適用情境 → 溝通表達、人際關係

39 知識掌握網格：
檢視自我認知與實際能力的落差

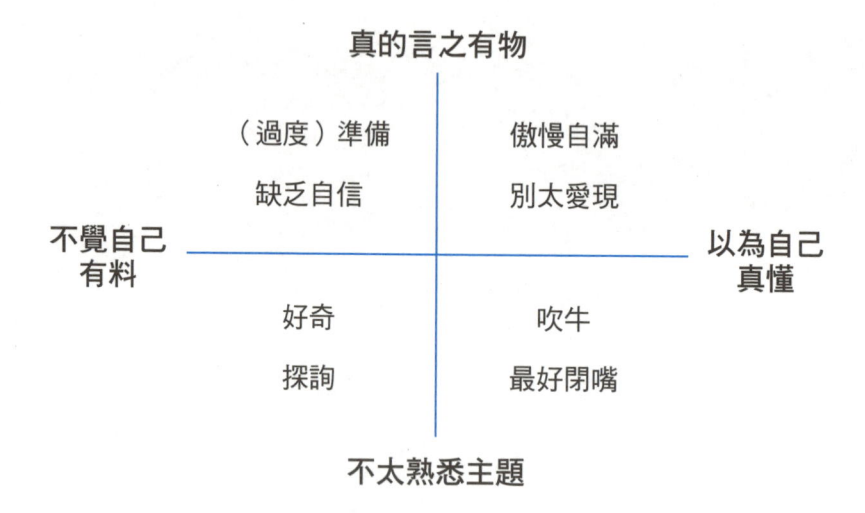

```
                    真的言之有物
                          │
         （過度）準備      │    傲慢自滿
           缺乏自信        │    別太愛現
                          │
不覺自己 ─────────────────┼───────────────── 以為自己
有料                      │                    真懂
                          │
            好奇          │      吹牛
            探詢          │    最好閉嘴
                          │
                    不太熟悉主題
```

- 知識掌握網格能夠顯示一個人對自我認的自覺，是否對應實際情況。

152

39. 知識掌握網格：檢視自我認知與實際能力的落差

- 垂直軸線是一個人對某個主題的真實認知，依照程度分成確實知道「自己言之有物」及不清楚主題。

- 水平軸線則是「自以為言之有物」，以及「自以為不了解」主題的兩種人。

- 結果就形成一種有趣的分類法。

- 左下角是「不清楚該主題、同時知道自己不了解」的人。結果是這些人通常會帶著謙卑好奇的心態，想要更深入學習，而不是不懂硬要裝懂。

- 左上角的人對主題有所認識，卻不認為自己真懂，導致信心低落，往往會為了一場會議或對話緊鑼密鼓地預備，還可能準備過頭。

- 右下角的人「以為自己言之有物」，但這並不是事實，這一類人通常只會吹牛，還是閉上嘴比較好。

- 右上角的人對某主題有深厚造詣，他們也自知這點，而這往往導致在炫耀賣弄學識，或令人無聊到想打哈欠，這種人不該愛現，少說多聽為妙。

學以致用練習 39

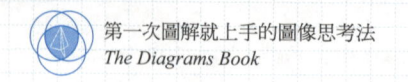

　　選一個主題,利用這張網格分析你個人的技能。運用你的發現了解自己是否為了某場對話或工作案準備過度,抑或準備不足。如果是落在網格右手邊,建議還是不要太愛表現,接著再運用相同技巧評估你的同僚,看看他們是否有值得效法學習的地方。

40

適用情境 ➔ 付諸行動、促進成長、領導管理

領導潛能網格：
找出部屬具備的特質

	懶散	勤奮
聰穎	升他們為指揮官	升他們為參謀
駑鈍	總有可派遣他們去做的事	直接開除

- 1934 年，時任德國最高指揮軍官庫特・馮・哈墨斯坦―艾寇德（Kurt Von Hammerstein-Equord）依據麾下每一位軍官的特質，將所有人分類為聰穎、勤奮（勤勞）、懶散或駑鈍，而且相信每位軍官都具備其中兩項特質。

- 如果他們「天資聰穎又勤奮」，就指派他們去總參謀部。

- 如果他們「資質駑鈍又懶散」，還是找得到事讓他們做。

- 如果他們「駑鈍卻勤奮」，他會直接開除，因為這類人太危險。

- 如果他們「天資聰穎卻生性懶散」，他會指派他們最高官階，因為他們腦袋清晰，可以做出艱難決策，也有抄捷徑做決定的能力。

- 前述就是這篇故事的教訓：「聰穎和懶散」的人是天生的頭頭，總是找得到簡單快速的方式完成任務。

學以致用練習 40

　　如果你正在考慮員工升遷，評估員工是否具備升遷為領導人的潛能，可以試著使用這張網格，或許看起來有點奇怪，卻能引出有趣的問題，當作現代評估法的替代方案或補充做法。

Part 3

圓形和圓餅圖：
看清整體、拆解結構

巨石陣、麥田圈、生命之輪，正中紅心。

派餅、炒蛋、洋蔥、靶心，有誰不愛圓形。

圓形圖可以處理大量數據資料。

當數據是整體的一部分時，以區塊呈現更好理解。

圖形圖很適合用來強調主題、區分元素。

圓形圖本身已經很完整，因此非常適合用在需要完整呈現、卻不牽涉方向的概念。

空心圓形可以用來顯示重疊部分。

可以運用圓形尺寸表示數量或重要性，還能顯示附屬關係。

圓形就是一種可能性的無限循環。

適用情境 → 任務排序、策略布局

41
靶心、洋蔥與影響圈：
用同心圓看清焦點與範圍

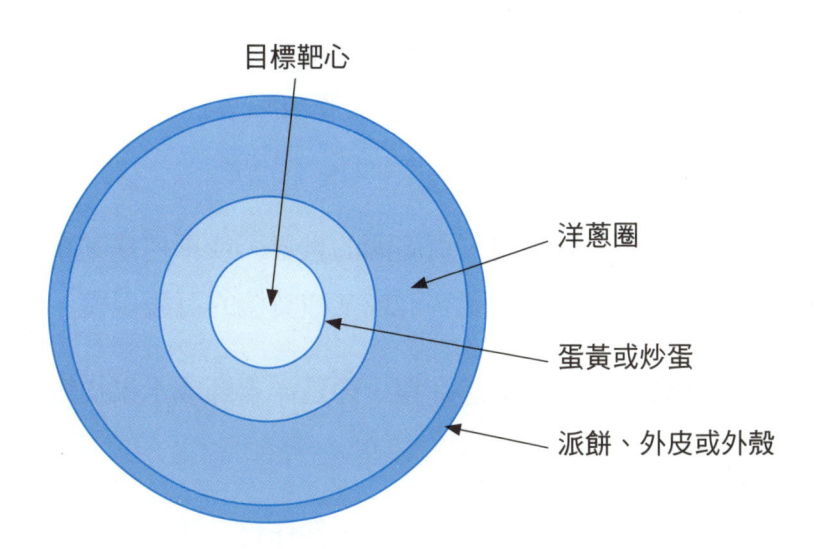

目標靶心

洋蔥圈

蛋黃或炒蛋

派餅、外皮或外殼

- 在一個圓中簡單畫出另一個圓,就能開啟一個充滿可能性的世界。

- 可以把中心視為蛋黃、目標靶心、蘋果核,甚至是地心。

- 可能是象徵一個問題的焦點、核心精髓、內在運作,或某件事物的起源。

- 在這張圖表的某個版本中,外圈被視為憂慮圈(也就是大家都擔憂的事),但他們其實應該只專注於影響圈(自身可以掌握的正中央)。

- 外圈也可用來象徵表層、更廣闊的世界,或單純是某事物更廣大的範圍,例如顧客群或某種契機的可觀規模。

- 加上不同層可以顯示漸進進程,像是洋蔥圈或水果皮等外殼。

- 每一層的寬度皆可調整,顯示出一件任務、觀眾或問題的分量。

學以致用練習 41

　　選一個需要展現數量的主題，畫出一個象徵完整問題或數字的圓形，中央再畫出一個小圓，按需求加入不同層，花時間思考不同層之間的比例對比，可以把圖表試想成某種水果、蔬菜、標靶，或其他可以形象化問題的物體，以替圖表得出一種直觀的標題或類比。

第一次圖解就上手的圖像思考法
The Diagrams Book

42

適用情境 → 數據應用

圓餅圖：
呈現整體結構與比例的經典做法

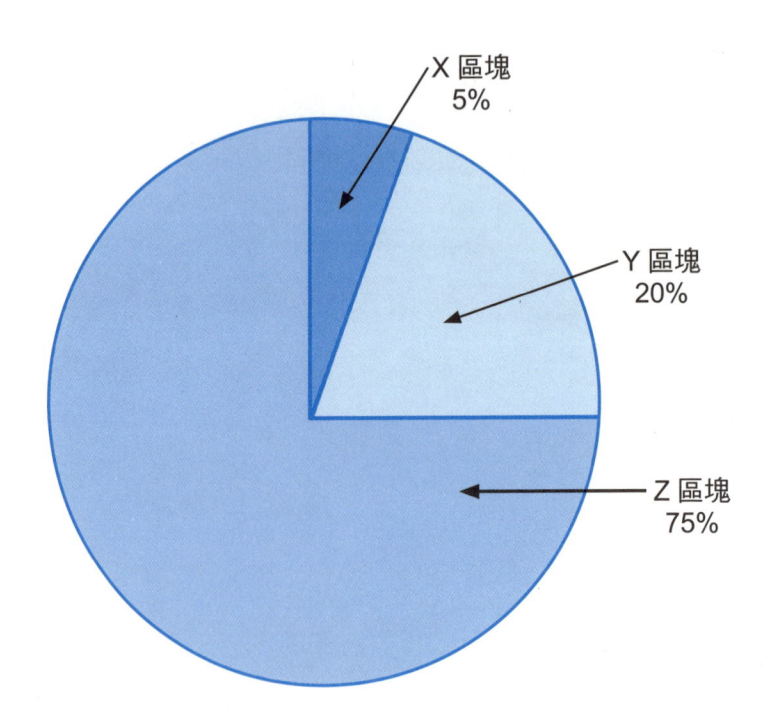

X 區塊
5%

Y 區塊
20%

Z 區塊
75%

164

- 需要說明數據或顯示完整事物的不同區塊時，圓餅圖可說是一種經典做法。

- 通常每個區塊都是以按照比例分配的百分比呈現，這裡的範例是 75%、20%、5%。

- 要是分成好幾個區塊，為求表達清晰，每個部分的百分比可能的話最好都標上數字。

- 為每個區塊加上不同顏色，就能一眼區別及定義。

- 如果圖表共區塊超過 6 個，可能會讓觀眾很困惑，遇到這種狀況，可能就需要動用其他圖表，例如：直方圖。

學以致用練習 42

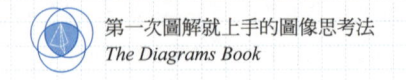

　　選擇一個可以用百分比呈現數量的問題，試著分成不超過 6 個區塊，將百分比轉換成實際數值，並以圓餅圖的區塊大小呈現。補上顏色和數字對於理解圖表更有幫助。利用這張圖表啟發全新的思考角度。

43

適用情境 ➜ 策略布局

文氏圖：
比較重疊與差異，找出共通核心

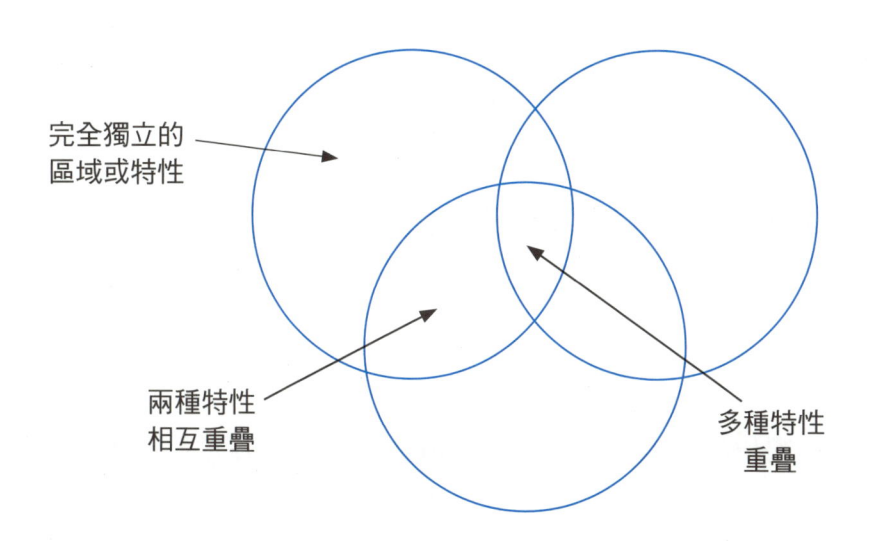

完全獨立的
區域或特性

兩種特性
相互重疊

多種特性
重疊

- 英國數學家約翰・文（John Venn）在 1880 年研究文氏圖，不過當時的他卻以一個世紀前研究該圖表的瑞士數學家李昂哈德・歐拉（Leonhard Euler），把這張圖表命名為「歐拉圖」。

- 這種重疊圓形圖系統非常靈活，可以有效彰顯重疊的特性或特殊區域之間的對比。

- 圖表**至少需要 2 個圓形，最多不超過 3 個**（理論學家使用的進階文氏圖最多有 16 個，但用於商業上太過複雜）。

- 圓形一交叉後，就會形成完全獨立的區域（沒有重疊的部分），這時就能和重疊區域的特性相比。

- 使用 3 個圓形時，中央區域就有數個特性重疊。

- 畫出的區域數值與重疊部分的百分比最好是比例相對，如此一來，有多少共同之處就一目了然。

學以致用練習 43

選擇兩個互有關聯卻屬性不同的題材,按照比例分配重疊這兩個圓形,以象徵它們的共同之處,同時注意沒有重疊的獨立區域,再根據兩者的共同之處或獨特性所帶來的益處下決策。

第一次圖解就上手的圖像思考法
The Diagrams Book

44

適用情境 ➜ 創意發想

核心概念衛星圖：
延伸主題、發展好點子

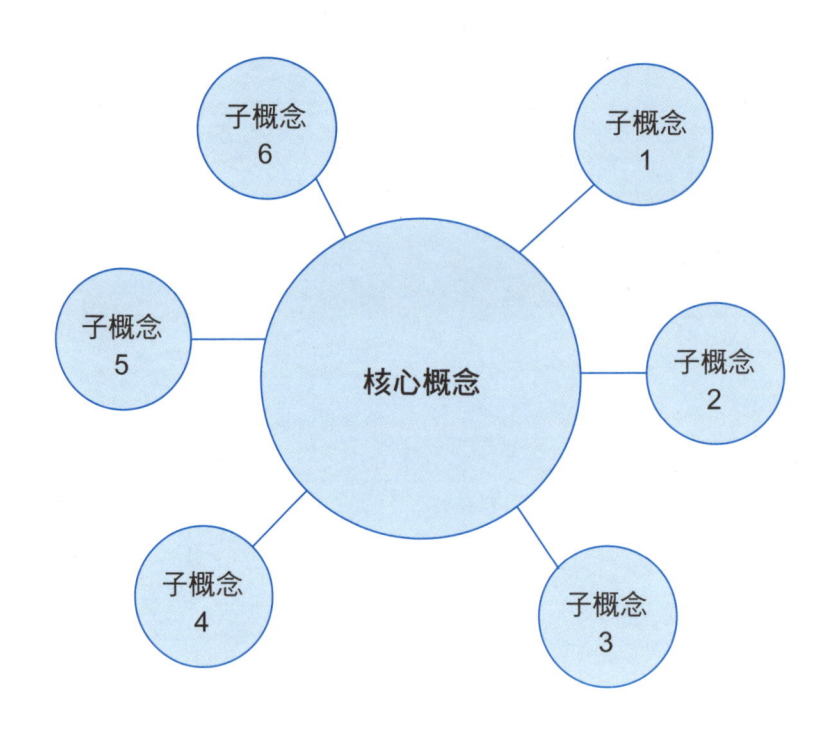

```
        子概念                    子概念
          6                        1


  子概念                                    子概念
    5            核心概念                     2


        子概念                    子概念
          4                        3
```

170

- 核心概念衛星圖用圓形代表不同概念或構想,並以繞著地球的放射狀衛星形式串連起來。

- 正中央通常是核心概念或思想,以最大的圓形表示其重要性。

- 核心概念四周圍繞著其他小衛星,**一般至少有 3 個,最多建議不超過 6 個**。

- 衛星概念的主題,應與核心想法相關。

- 小衛星可以是一個主題的分支,也可以代表不同的傳播媒介,或是接收訊息的不同受眾等,環繞的衛星概念只要在某方面與主題有關聯即可。

- 圖表看似簡單,要填滿卻不容易,衛星必須能凸顯核心概念的豐富和多元。如果無法,要不選擇其他衛星,要不更極端一點,撤換掉核心概念,找一個更好發揮的概念。

學以致用練習 44

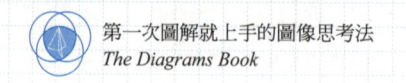

找一個核心想法,放在衛星系統的中央位置,接著列出一張相關的次主題清單,以小圓圈的陣仗環繞核心概念。若有必要,可以重畫一張圖表,列出另一組不同的子概念,利用圖表顯示主題的廣度及應用。

45

適用情境 ➜ 數據應用、釐清思考

分子架構圖：
透視複雜整體的內部關聯

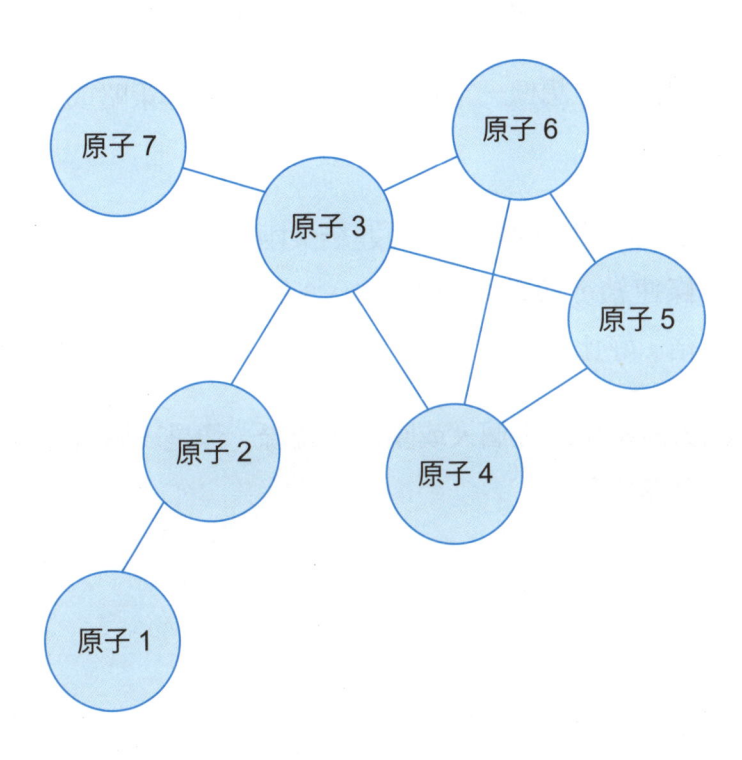

原子 7

原子 6

原子 3

原子 5

原子 2

原子 4

原子 1

173

- 分子架構圖的靈感來自原子和分子。

- 圖表非常實用，可以清楚解釋一個複雜整體的組成部分。

- 應用靈活彈性，不需達成一致或平衡對稱，因此可以無限建構，持續增減元素。

- 每個原子都象徵整體的其中一項元素。

- 舉個例子，想像一下圖表分析的是某品牌策略或組織的各項元素。

- 原子之間的直線顯示某種連結，兩種原子之間可能只有一條連結，像是原子 1 與 2、3 與 7，也可能有好幾個連結，好比原子 3、4、5、6。

- 圖表能精準解說個人或團體的關聯，像是一張關係圖或相互關係圖。

45. 分子架構圖：透視複雜整體的內部關聯

學以致用練習 45

選擇一個主題，例如也許是組織架構，然後以圓形呈現每項要素，並畫出直線串連所有相關要素，釐清彼此之間的關聯。若是需要弄清要素之間的關係，可以重畫圖表。

46

適用情境 → 激發動機、人際關係

工作生活平衡圖：
解析個人與職場的融合程度

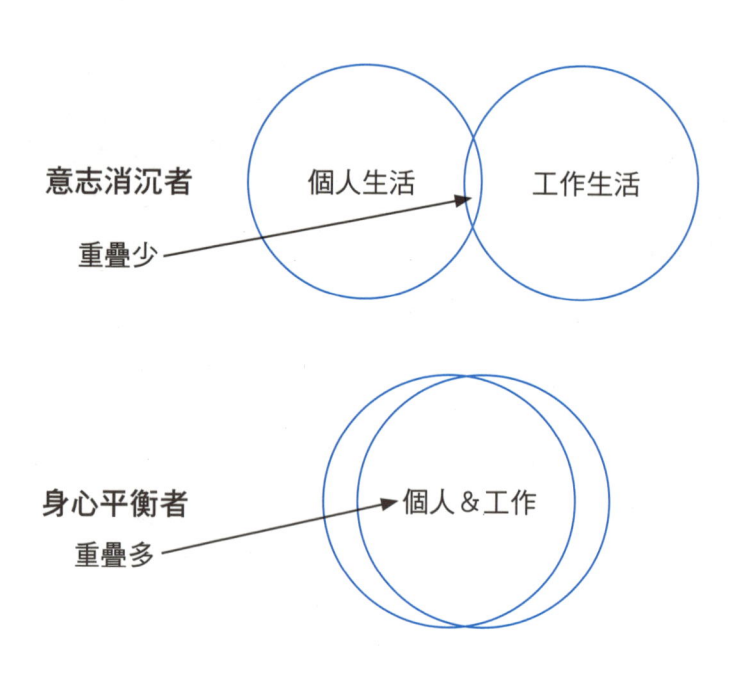

意志消沉者　　個人生活　　工作生活
　重疊少

身心平衡者　　個人＆工作
　重疊多

- 這張文氏圖有助於分辨你在工作和生活之間,是否達到合理平衡。

- 兩個圓形分別代表你的個人和工作生活,也就是你在工作和私下的個人性格有多相似,以及工作性質是否與你閒暇之餘的興趣有關。

- 幾乎沒有重疊的人過著兩種截然不同的生活,往往心情沮喪低落。

- 重疊多的人往往較平衡,無需在工作時刻意改變自我,進行的也是他們有興趣的任務。

學以致用練習 46

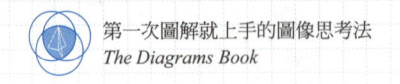

　　利用兩個圓形剖析你工作與私下的人格。展現這兩者的重疊部分,並試著以分配比例呈現重疊程度。要是有必要可以重製圖表,以助於了解你的工作性質和一般興趣之間的關係。如果重疊不多,可以找出讓你沮喪的主因,看你是否想改變工作內容或工時。

適用情境 → 領導管理

47

團隊領導角色變化圓形圖：
因應成員經驗的靈活引導

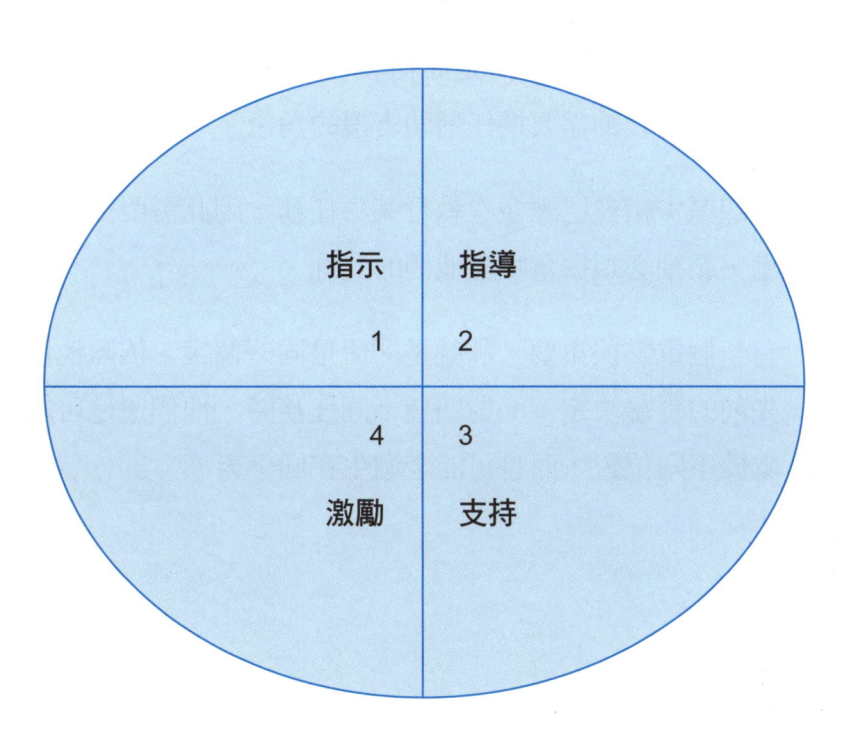

指示	指導
1	2
4	3
激勵	支持

- 團隊領導角色變化圓形圖有助於釐清方向，應該如何帶領經驗值不同的團隊成員。

- 第一區：領袖指示下屬，他們知道下屬清楚自己在做什麼，因此可以安心把任務託付他們。

- 第二區女領袖需要指導團隊組員，因為他們從未經手某項任務，需要學習做法。

- 第三區：組員十分清楚如何執行任務，但可能需要支援，於是領袖需要擔任輔助支援的角色。

- 第四區：組員已經多次執行某項任務，因此需要從旁激勵，領袖必須振奮喚醒他們的熱忱。

- 有一個重點很重要，那就是即使是同一個人，依照他們先前的經驗決定，面對四種不同任務時，他們還是可能處於不同位置，而且可能全發生在同一天。

學以致用練習 47

　　選擇一名組員，寫下通常需要對方執行的五、六項任務。弄清在他執行不同任務時，你應該扮演的團隊領導角色。如果不確定，可以詢問對方執行某項任務時，是否覺得游刃有餘，接著把這個做法重複套用在每個團隊組員身上，並在下一次指派工作時，把這當作你將擔任的角色指引。

48

適用情境 → 溝通表達、策略布局

錐形擴音器：
放大訊息的層次與影響力

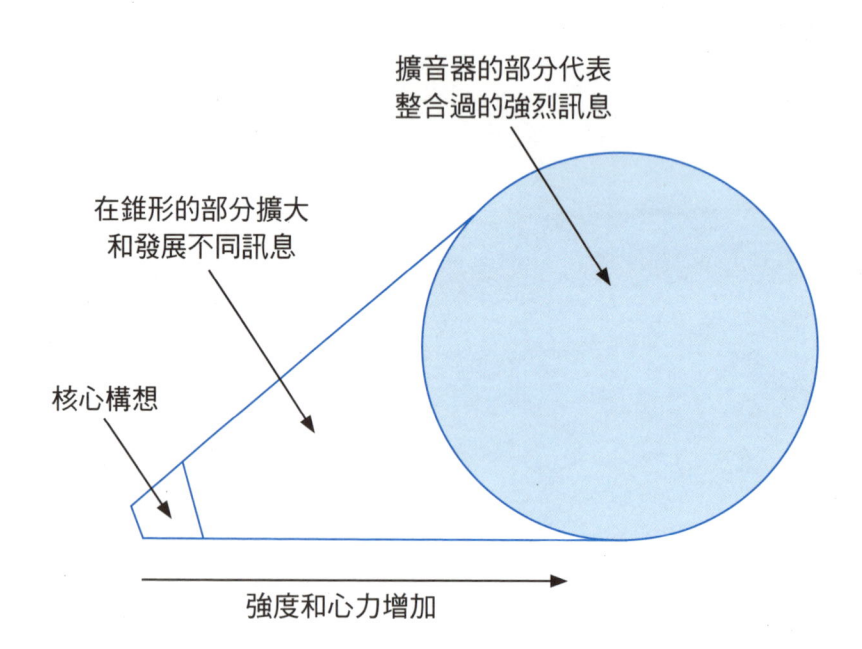

擴音器的部分代表
整合過的強烈訊息

在錐形的部分擴大
和發展不同訊息

核心構想

強度和心力增加

48. 錐形擴音器：放大訊息的層次與影響力

- 錐形擴音器很有意思，可以設計出蘊藏多重訊息的溝通策略。

- 這張圖中，話筒細端頭象徵的是核心概念。

- 錐形的中央則是為了迎合不同對象和聽眾，擴大發展構想，變化成不同訊息。

- 訊息強度和投入心力，照理說會隨著訊息的發展逐漸增加。

- 右側的圓形大開口，代表訊息統整一致後的完整強度，不同訊息經過整合可以達到的最高效果。

學以致用練習 48

挑一則需要溝通傳達的訊息,將核心概念置於錐形最左側,在錐形中央寫下需要用於不同群眾或傳播媒介的方法,最後協調統整成最右側的完整方針。

49

適用情境 ➡ 設計流程

問題循環圖：
引導任務執行的系統化思考流程

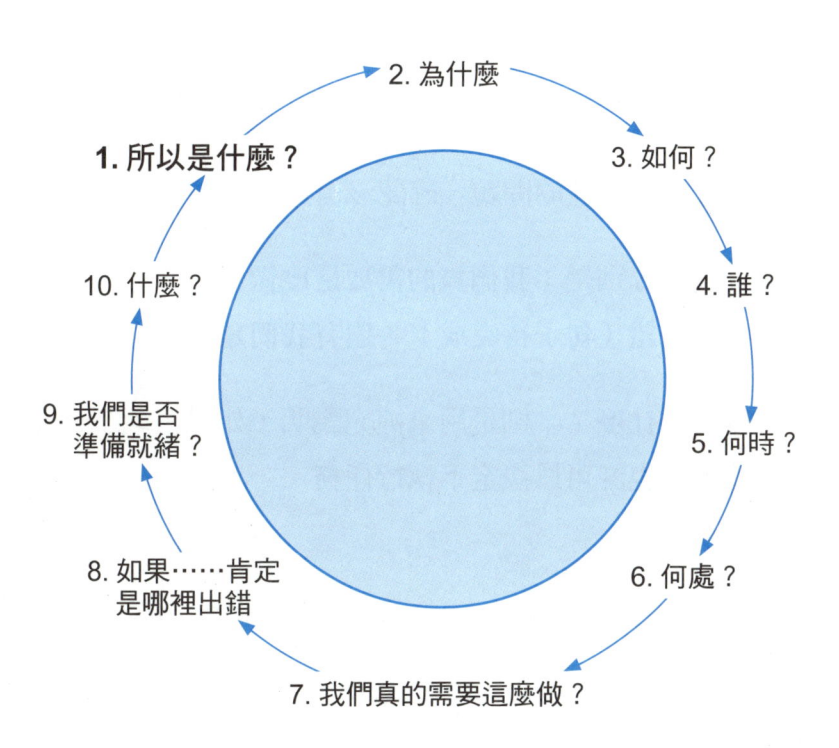

- **1.** 所以是什麼？
- 2. 為什麼
- 3. 如何？
- 4. 誰？
- 5. 何時？
- 6. 何處？
- 7. 我們真的需要這麼做？
- 8. 如果……肯定是哪裡出錯
- 9. 我們是否準備就緒？
- 10. 什麼？

- 問題循環圖,是非常好用的 10 道要點流程,能夠確保實踐概念和工作案。

- 「**所以是什麼?**」就是第一道過濾題,有效針對工作案的重點提問,假設答案令人滿意,接著就能在解釋原因時提出合理說明。

- 這套系統接著會提出**如何、何時、在哪裡能完成、由誰來進行**等問題。

- 等到周全考慮所有要素,也都得出滿意答案後,再套用幾個檢查可行性的問題,確認沒有遺漏任何重點。

- 審查問題分別是:**我們真的需要這麼做?如果……肯定是哪裡出錯(句子待完成),還有我們是否準備就緒?**

- 最後的「**什麼?**」則是用來補充說明,如果定義不夠完整扎實,也許可以決定不執行任務。

49. 問題循環圖：引導任務執行的系統化思考流程

> **學以致用練習 49**

　　選一個工作案，寫下這十道問題，用不超過一句話依序回答每道問題。如果得不出滿意答案，就不要繼續回答問題，而是思考是否該棄案或重新構思。

第一次圖解就上手的圖像思考法
The Diagrams Book

50

適用情境 ➔ 報告呈現

「構想傳播」循環圖：
將你的點子從概念推向世界

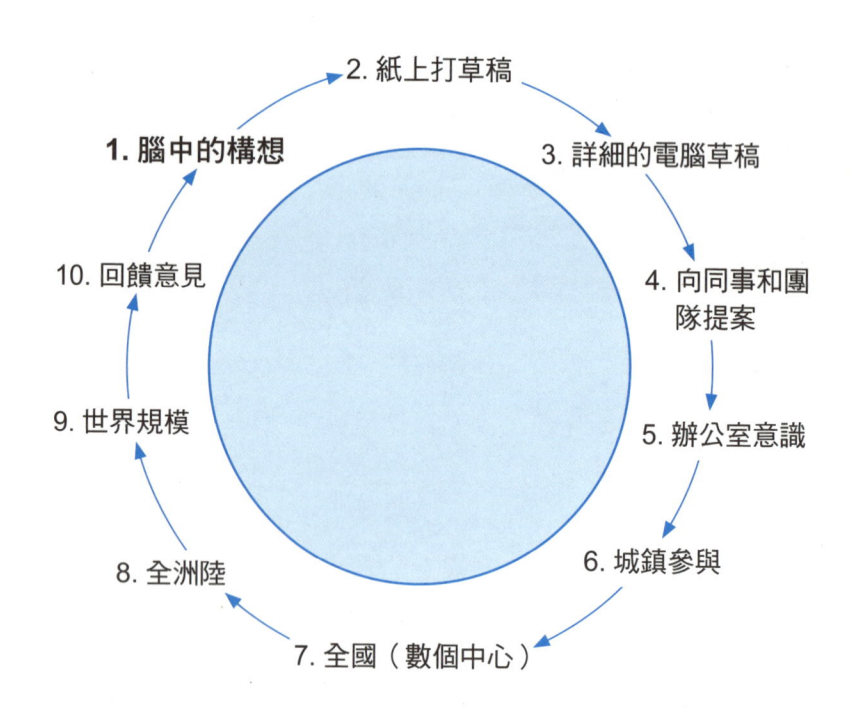

1. 腦中的構想
2. 紙上打草稿
3. 詳細的電腦草稿
4. 向同事和團隊提案
5. 辦公室意識
6. 城鎮參與
7. 全國（數個中心）
8. 全洲陸
9. 世界規模
10. 回饋意見

50. 「構想傳播」循環圖：將你的點子從概念推向世界

- 「構想傳播」循環圖，能協助你打造出一套方法，將想法有效傳達給他人。

- 所有構想都是先從你的大腦開始，但最大的挑戰是，該如何用你想要的方式傳達點子。

- 第一步就是先在紙上打草稿，先擱置不動一陣子，接著再製作更詳細的電腦草稿。

- 接著，對同事和團隊組員測試你的構想或想法，想辦法向全辦公室公布你的點子。

- 點子接下來要公開傳送到什麼程度，全依你的操作規模而定，可能是傳送至大城小鎮、全國上下、整個大洲，甚至全世界。

- 至於要如何完美傳達構想，每個階段的考量都不盡相同，而且相同的做法不見得適用於每個階段。

學以致用練習 50

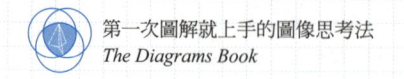

挑一個你想公開或者與他人分享的點子，粗略打份草稿，修潤後再找幾個同事進行測試。想一想你的構想還需要獲得哪些人的理解認可、批准或落實，接著決定每個階段最適合的傳達方法，統整過後實施計畫。

Part 3
51. 心理抗拒圖：為什麼總是卡在「還沒做」？

51 心理抗拒圖：為什麼總是卡在「還沒做」？

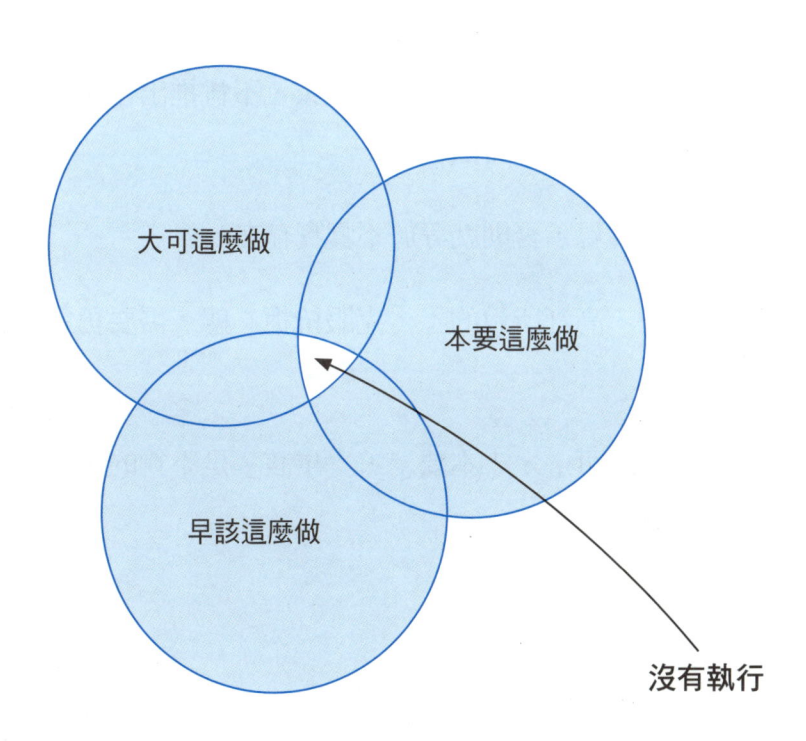

適用情境 ➜ 付諸行動、激發動機

大可這麼做

本要這麼做

早該這麼做

沒有執行

191

- 很多人都說產生構想非常簡單，世界從來不缺構想，但真正困難的就難在實踐構想。

- 蘋果公司創辦人史蒂夫・賈伯斯說：「真正的藝術家會在市場推出作品。」言下之意就是，他們會產出作品，然後靜待觀眾反應。由於收到的不見得都是正面反饋，所以推出作品需要勇氣。

- 不管是為同一首歌做了 27 次混音版本的音樂家，還是地下室裡塞滿從未展出作品的畫家，不肯推出作品，說穿了就是害怕批評而已。

- 構想必須實現，否則就等於不真實存在。

- 就像賽斯・高汀所說的：「克服抗拒心態，需要勇氣和活力。」

- 光是說「大可」、「本要」、「早該」是不夠的，只代表你沒有執行。

學以致用練習 51

　　花點時間審視你想做的所有事情,無論是工作方面或個人層面皆可。把你所有的夢想和不完整的構想都加進去,然後思考你有多麼想實現構想,要是真的有你想做的事,找出你遲遲不肯行動的抗拒心理,再思考應該如何移除阻力,這下子你應該已經勢不可擋。

第一次圖解就上手的圖像思考法
The Diagrams Book

52 　　　　　　　　　　　　適用情境 ➜ 激發動機

艾賓浩斯錯覺圖：
你的觀感，決定你的表現

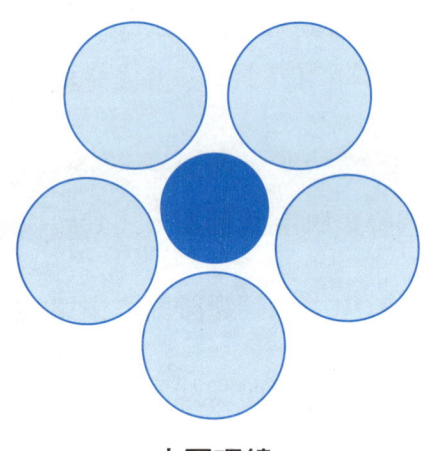

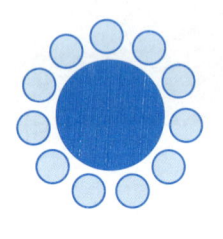

大圓環繞　　　　　　　　小圓環繞

- 這張圖表是一種視覺幻象，左右圖形的中央各有一個同樣尺寸的黑色圓形，可是周圍環繞的淺色圓形卻讓觀者誤以為右邊的黑色圓形比左邊大。

- 這張錯覺圖形源自 19 世紀的德國心理學家，也是認知心理學和記憶研究先驅赫爾曼．艾賓浩斯（Hermann Ebbinghaus）。

- 美國普渡大學（Purdue University）博士潔西卡．威特（Jessica Witt）把這幾張圖投影在高爾夫球洞內，靜待結果揭曉。最後她發現，遇到「小圓環繞的圖形」的高爾夫球員，成功推桿的機率會是其他人的 2 倍。

- 這張圖清楚示範了觀感可能影響表現，所以下次面對棘手任務時，可以運用這種視覺小技巧，把問題想像成游刃有餘且具吸引力，而不是狹小而局限。

- 人生不是一場高爾夫球賽，但是面對挑戰時你所抱持的觀感，卻絕對能影響你的表現。

學以致用練習 52

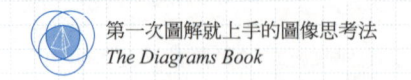

挑一個艱難的任務、工作案或挑戰,把可能面臨的風險或需要達成的目標,想像成一張視覺圖像。可以運用想像力,也可以借助素描本,把它想成不那麼可怕的畫面,或是比較容易實現的模樣。

53

適用情境 ➜ 領導管理、策略布局

黃金圈：
利用「為什麼」，找出核心使命

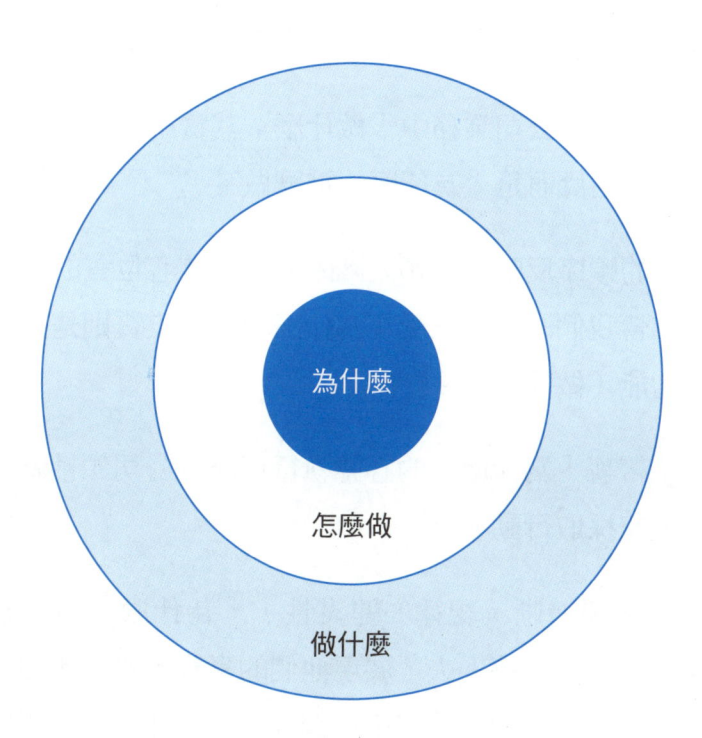

為什麼

怎麼做

做什麼

- 在《先問，為什麼？》（*Start With Why*）中，美國暢銷作家賽門・西奈克（Simon Sinek）提出了**黃金圈法則，把「為什麼」置於中央，往外一圈是「怎麼做」，最外圈才是「做什麼」。**

- 這個順序之所以重要，是因為這和大多公司的做法背道而馳，一般公司可以輕而易舉說出他們要做什麼，有時或許能解釋怎麼做，卻很少說不出為什麼要這麼做。

- 事實上，在公司業務中「做什麼」其實不那麼重要，真正重要的反而是「為什麼」這麼做。

- 圖表的順序反映出人類大腦的運作，核心位置的邊緣系統掌管我們的情緒感受（為什麼），新皮質則是負責理性功能（做什麼）。

- 要是帶著「為什麼」的心態執行任務，公司領袖就能激勵大家採取行動。

- 公司需要清晰、紀律、連貫性，「為什麼」（核心使命）才可能堅持下去，展現他們的真實本質，不像其他公司要透過荒謬的顧客市場調查，才能知道該怎麼做才「貼近真實」。

學以致用練習 53

挑一個適當對象，例如你的公司、部門或某件大型工作案，寫下「做什麼」（應該不用多想），接著解釋「怎麼做」（可能會比較困難），並進一步說明「為什麼」要做這件事。最後一個問題應該最難回答，要是說不出答案，仔細檢討意圖，若是沒有清晰意圖，大家在這種不明確的狀態下工作，很容易陷入動機低迷的情況。

54

適用情境 ➜ 領導管理、團隊工作

理想隊友文氏圖：
看穿誰才是好夥伴

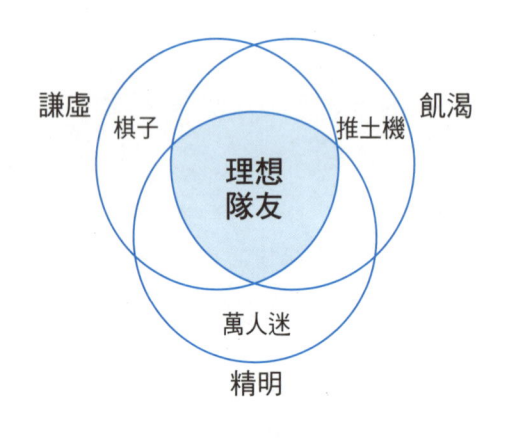

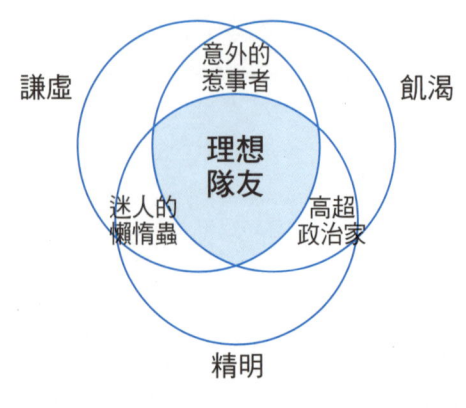

謙虛　棋子　推土機　飢渴
理想隊友
萬人迷
精明

謙虛　意外的惹事者　飢渴
理想隊友
迷人的懶惰蟲　高超政治家
精明

- 這張圖表來自美國商業顧問派屈克・蘭奇歐尼,根據他的說法,理想隊友都具有三項必備特質。
- **謙虛**:謙遜是唯一不可或缺的最優特質。
- **飢渴**:這類人會自我驅策、勤勉努力。
- **精明**:在待人處事方面,他們能展現出良好的人際智慧(有別於高智商的聰明)。
- 只具備一種特質的人,一眼就能看穿:
- **只有謙虛=就是一顆棋子**,常常被冷落忽視。
- **只有飢渴=推土機型**,這種人常常惹惱其他人。
- **只有精明=萬人迷**,具有高社交技能,卻拿不出實質貢獻。
- 要辨識出兼具兩、三種特質的人就難多了:
- **謙虛又飢渴=意想不到的惹事者**,沒有意識到自己對他人造成困擾。
- **謙虛又精明=迷人的懶惰蟲**,鞭打一下才肯往前走一步。
- **飢渴又精明:高超政治家**,只為個人利益著想。

學以致用練習 54

　　套用這項技巧分析新聘員工、評估現任職員、替缺乏超過一項特質的員工進行職訓,也可用來檢視你的組織文化。挑一組團隊,檢查每位團隊組員的特質並製成圖表,利用你的分析結果了解你的組員屬於哪一種類型。

55

適用情境 ➡ 決策思維、激發動機

＃現在圖：
掌握當下，就能改變未來

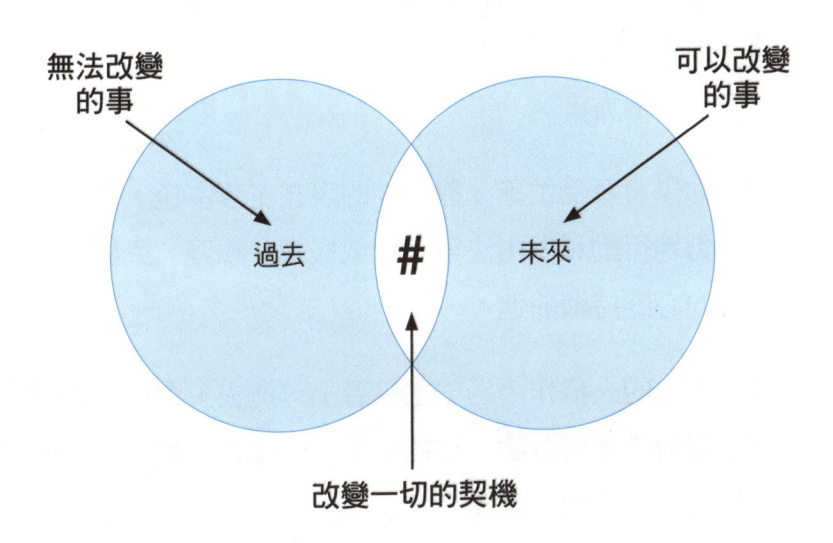

無法改變
的事 → 過去

可以改變
的事 → 未來

＃

改變一切的契機

- 根據英國作家麥克斯・麥基昂在著作《＃現在》的說法，你無法改變過去，卻有能力改變未來，而現在就是改變一切的契機。

- 「現在主義者」停不下來，總是在行動中尋找快樂，他們不把生命浪費在追求幸福上，而是讓自己當下就活得開心。他們會不費力地迅速下決定，可以分辨事情的輕重緩急，清楚自己應該何去何從，勢不可擋又精力旺盛。他們相信自己，對自我能力充滿信心，也有採取行動的充沛活力。

- 如果你學會享受忙碌，擁抱你的現在主義本色，就能毫不費力地行動和做出決策，擁戴機會、障礙、危機，並以正向心態持續前進。

- 活在過去的人稱作「過去主義者」，逝去、悔恨、憂慮總是讓他們愁眉苦臉，相較之下，「現在主義者」比較可能成長、快樂、豐收。

55. ＃現在圖：掌握當下，就能改變未來

學以致用練習 55

　　我們活在當下，卻時不時背負著過往的焦慮和對於未來的擔憂。現在請你想像某種任務或情境，斷開過往，拋下所有包袱。未來也不必多慮，畢竟未來很快就會降臨。現在就釐清該怎麼處理眼前的任務或情境，並立刻採取行動。

56

適用情境 → 化解衝突、領導管理

守門人圓形圖：
內外應對的關鍵角色

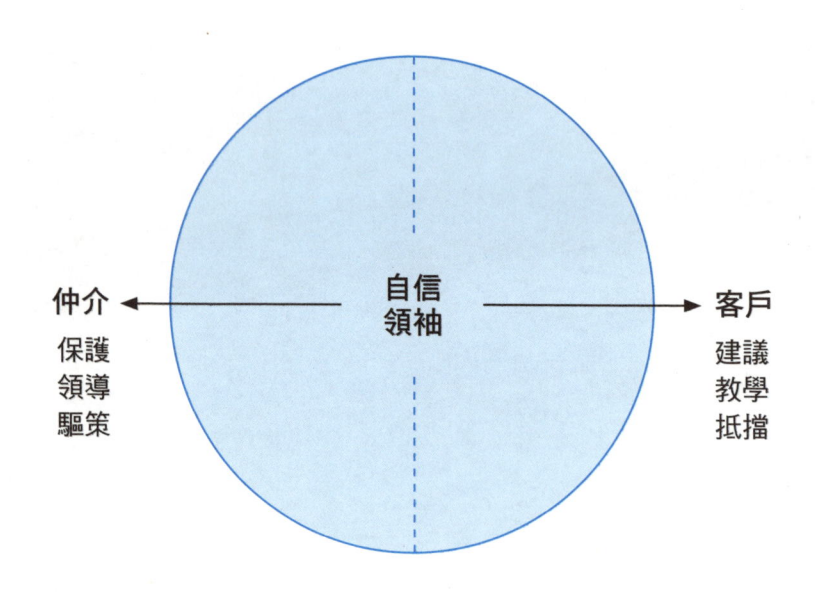

```
       仲介 ←——— 自信領袖 ———→ 客戶
       保護              建議
       領導              教學
       驅策              抵擋
```

- 服務業員工常處於顧客與企業之間的夾縫中，承受雙方壓力。在英美兩國，服務業對國內生產毛額的貢獻超過8成。

- 在這種情況下，任何銷售人員、客戶管理、客服等職務，都是顧客與公司關係的守門人。

- 這個角色並不好當，可能卡在這兩者之間進退兩難，就像常常被畫成有兩張臉孔的羅馬守護天神雅努斯（Janus），一張臉面向過去，另一張仰望未來（他的名字就是英文中「1月」〔January〕的由來）。

- 自信領袖在這種明顯矛盾的難題跟前，必須展現出游刃有餘的姿態。

- 對外，他們應該建議及教育顧客，同時堅定抵擋不合理的要求。

- 對內，他們應該無所畏懼，保護、帶領、驅策職員，好讓他們能提供顧客優質服務。

學以致用練習 56

　　試想你與顧客、抑或公司與顧客之間的關係本質。想像你必須扮演雙面角色，區分顧客與公司之間明顯的對立觀點，再分別從他們的觀點出發，找出適當的解決方案。了解並認知你工作的雙面本質，或是向同事解說這一點。

57

適用情境 ➔ 創意發想、談判協商、排除阻力

頭痛設計師的文氏圖：
無法一次滿足三個條件

你想要什麼樣的平面設計？（可挑兩項）

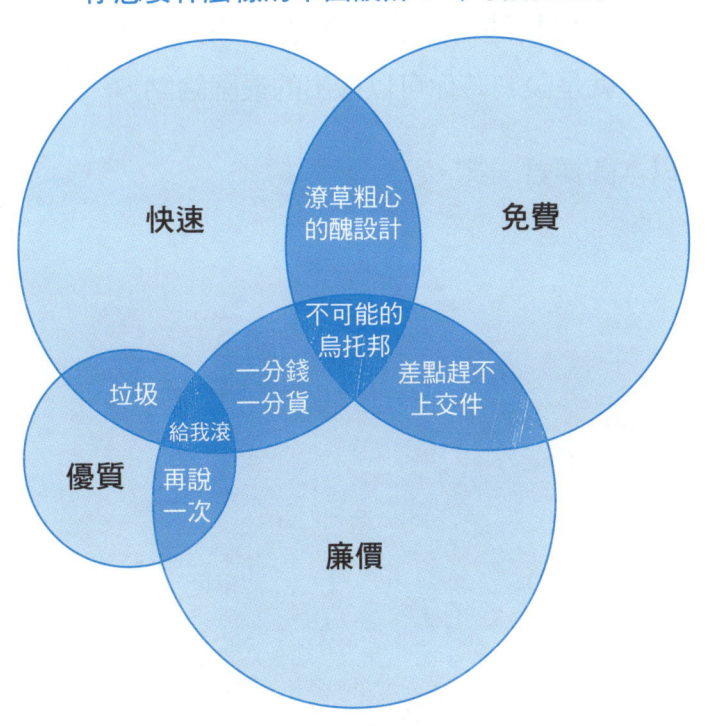

- 快速
- 免費
- 優質
- 廉價
- 潦草粗心的醜設計
- 不可能的烏托邦
- 垃圾
- 一分錢一分貨
- 差點趕不上交件
- 給我滾再說一次

- 這是一張有四個圓形的稀有文氏圖（通常只有兩、三個圓形），講的是顧客或客戶向服務供應商或仲介提出的交期問題。先暫時不去看標著「免費」的小圓，這類型的對話元素向來大同小異，不外乎像是先前的如果三角形：品質、價格、時間。

- 這裡一樣，變數有三項，但不可能三者兼顧，只能有兩項符合。又好又便宜的趕不得；快速又好的不可能便宜；便宜又快速的品質不會好。所以請問你想要哪一種？這就是談判時你可以搬出的最強論點。

- 謹以本圖搏君一笑。

學以致用練習 57

　　好笑歸好笑，這張圖表倒可能帶來實際好處。試想任何不合理的顧客或客戶要求，謹慎思考品質、價格、時間的變數，詢問對方想要哪兩樣要素，或是自己決定要給顧客哪兩樣要素，然後以此為準則，說明你個人在時間和價格上開出的條件。

58

適用情境 ➔ 化解衝突、規劃技巧、人際關係、釐清思考

道德兩難的灰色地帶：
規範之外，才是真正的難題

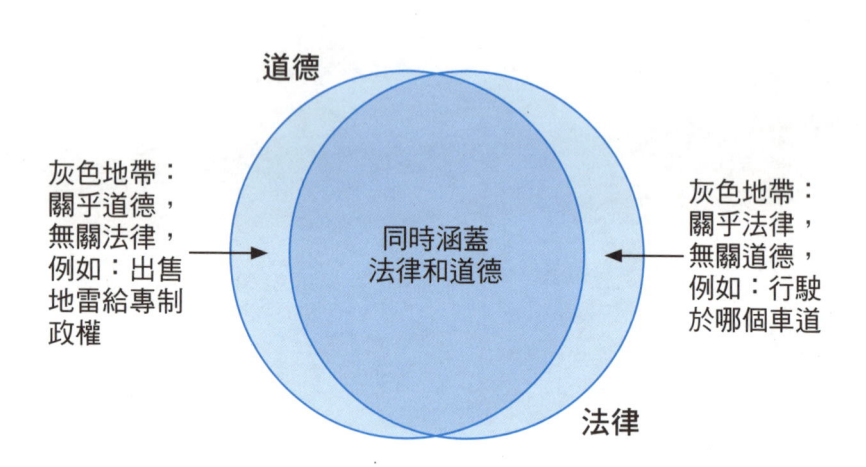

道德

灰色地帶：
關乎道德，
無關法律，
例如：出售
地雷給專制
政權

同時涵蓋
法律和道德

灰色地帶：
關乎法律，
無關道德，
例如：行駛
於哪個車道

法律

- 這張文氏圖看似簡單，蘊含的主題內容卻一點也不簡單，而這也是《商業道德》（*Business Ethics*）的主題。

- 如果商業道德攸關是非對錯，這時就會讓人想問一個問題：「法律處理的肯定也是一道關於是非對錯的問題，對吧？」但是如你所見，正解是「不見得」。

- 法律是一種透過制度，將道德設計成社會規則、規範、禁令的法典，可是實際上這兩者卻是截然不同的系統。最好的思考方式就是透過圖表，例如：向專制政權出售地雷算是道德問題，不是法律問題；行駛於哪一側車道屬於法律問題，無關乎道德，其他問題則開放討論。

- 有趣的是，到了這本書的第五版，這張圖表已經更新成你眼前的版本，意思是過去這十年來，道德和法律的重疊地帶經過大幅拓寬。

學以致用練習 58

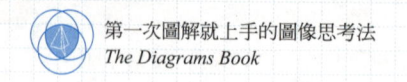

想一想你或是你的公司面臨的道德兩難,探究你面對的是道德題、還是法律題,抑或兩者皆是,然後做出決定或請教律師。

59

適用情境 → 付諸行動、改善效率、組織架構
　　　　　　任務排序、排除阻力、釐清思考

專注力協定循環圖：隨時在線，讓效率降低

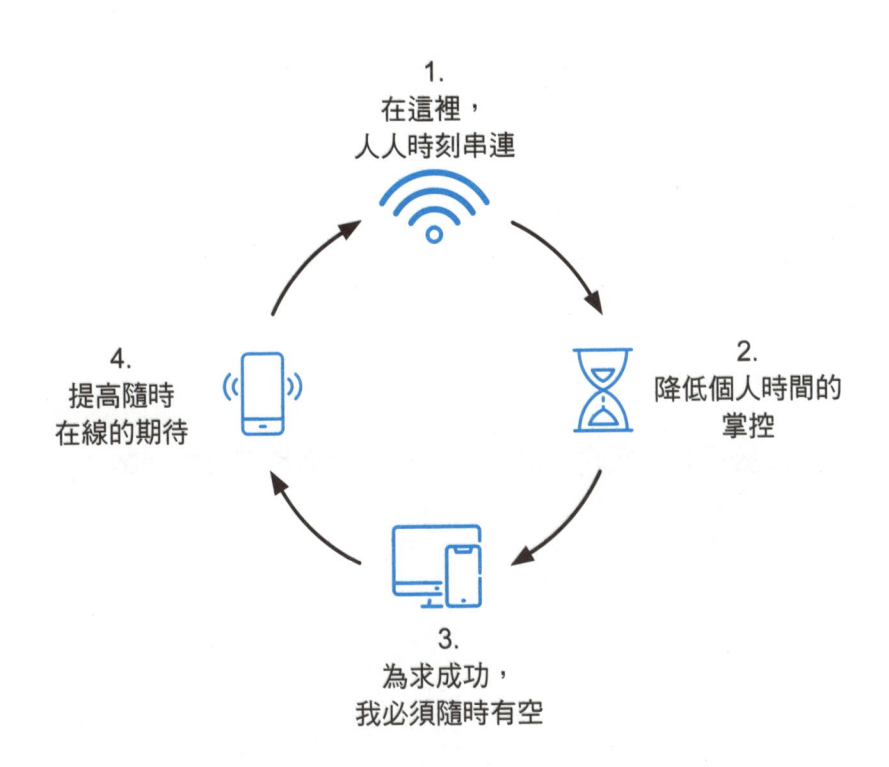

1. 在這裡，人人時刻串連

2. 降低個人時間的掌控

3. 為求成功，我必須隨時有空

4. 提高隨時在線的期待

- 這張圖表來自美國作家尼爾‧艾歐（Nir Eyal）的著作《專注力協定》（*Indistractable*），是一幅捕捉職場科技是如何「讓我們抓狂」的縮影。作者聲明，他的靈感來自哈佛商學院教授萊斯里‧派洛（Leslie Perlow）的著作，這本書共有幾個不同版本，書名分別是《抱著你的智慧型手機睡覺》（*Sleeping with Your Smartphone*）、《抱著你的手機睡覺》（*Sleeping with Your Cell Phone*）、《抱著你的黑莓睡覺》（*Sleeping with Your Blackberry*）。

- 要是一間公司聲稱「在這裡，人人時刻串連」，這就是死亡漩渦的開端，降低了一個人對自我時間的掌控，同時讓人不禁懷疑，若想要成功，是否真的得隨傳隨到，同時提高大家對他們「隨時在線上」的期待值。

- 關於這點，我唯一能說的就是，這個循環必須中斷。

學以致用練習 59

觀察這張循環圖，你是否心有戚戚焉？覺得很類似你的工作方式及你與科技的關係？如果是，挑選一個切入點中斷這個循環。

60

適用情境 → 報告呈現

不同名稱的圓餅圖：
圖表名稱也藏著文化差異

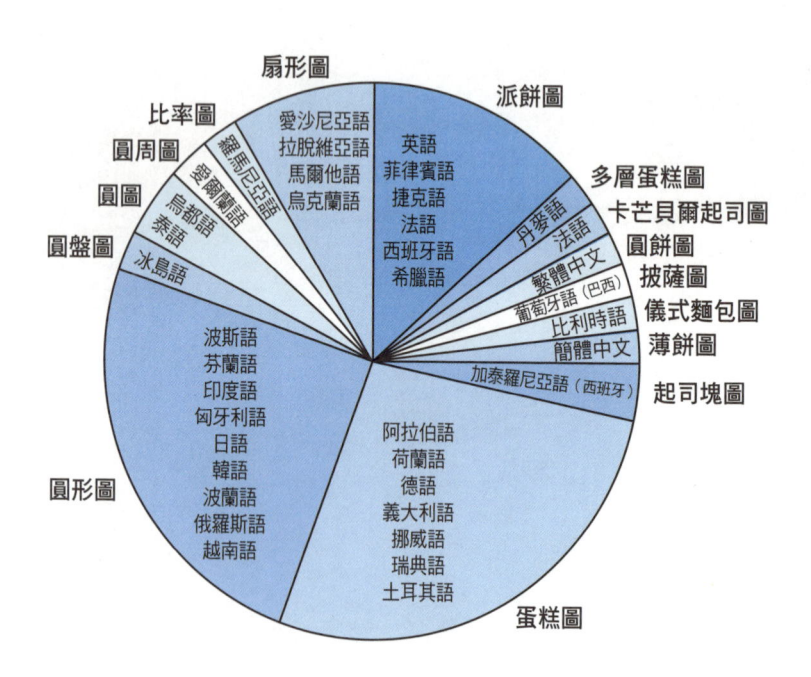

扇形圖
比率圖
圓周圖
圓圖
圓盤圖
圓形圖

愛沙尼亞語
拉脫維亞語
馬爾他語
烏克蘭語
羅馬尼亞語
烏都語
泰語
冰島語
波斯語
芬蘭語
印度語
匈牙利語
日語
韓語
波蘭語
俄羅斯語
越南語

派餅圖
英語
菲律賓語
捷克語
法語
西班牙語
希臘語
丹麥語
法語
繁體中文
葡萄牙語（巴西）
比利時語
簡體中文
加泰羅尼亞語（西班牙）

多層蛋糕圖
卡芒貝爾起司圖
圓餅圖
披薩圖
儀式麵包圖
薄餅圖
起司塊圖

阿拉伯語
荷蘭語
德語
義大利語
挪威語
瑞典語
土耳其語

蛋糕圖

- 在圓形和圓餅圖的部分劃下句點前,這裡提供一張怪物等級的圓餅圖,圖表分類的是「圓餅圖」在不同語言中的名稱。類似這張的圖表有不少,但這個版本是根據羅徹斯特理工學院公共政策教授艾瑞克・希廷格(Eric Hittinger)所改編。

- 作者是在收到這本書的法文版時,看到這張圖表,才發現了這個現象:

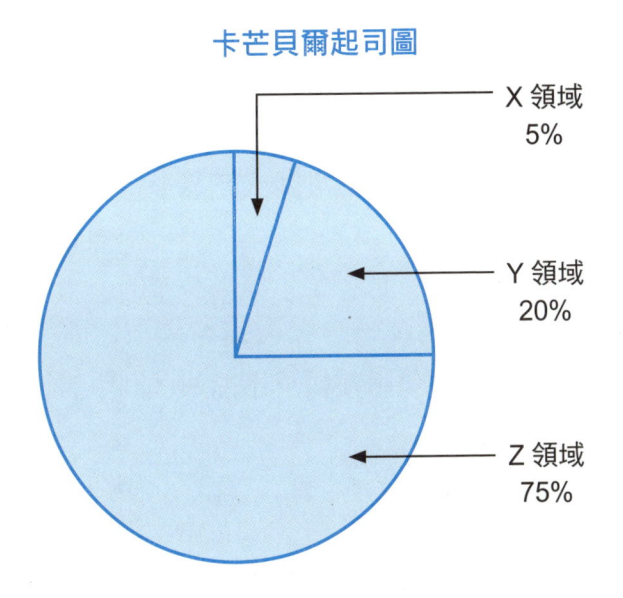

卡芒貝爾起司圖

X 領域 5%
Y 領域 20%
Z 領域 75%

學以致用練習 60

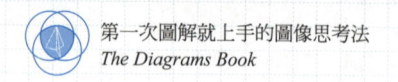

與人合作時,將對方的文化背景納入考量。

Part 4

時間軸和年視圖：
視覺化時間，
改變你的行動節奏

時間是一種人造概念，劃分時間是為了有條理地管理事務。

　　可以用不同方式分割出時間軸線。

　　把一整年切割成好幾等分，也許能透露出更多訊息。

　　讓你能夠從全新視角看待策略、能量、動機。

　　工作人士和公司，說不定能在截止日期前，更輕鬆完成任務。

61

適用情境 ➜ 設計流程

運作期間：
截止前的每一刻，都是成敗關鍵

起始　　　　　　　　　　　　　　　完成

　　　　　　　　　　　　　　　　截止期限

←──────── 運作期間 ────────→
　　　　　　　│　　　　　　　　　│
　　　　　專注重點　　　　　　　先別管

- 截止期限，指的是一件活動的終止時間。

- 面對截止期限，大家最常犯的大錯就是只專注截止期限，不在乎那之前的時間。

- 運作期間比截止期限足足長多出 99%。

- 截止期限或是發布日期的長度，要以運作期間的長度為準，例如：1 小時的運作期可能只有 1 分鐘的截止期限、五年的專案可能只需要一天發布。

- 所以一旦決定好截止期限，就別再花時間心思再想。

- 決定好截止期限並展開專案，把注意力放在占了 99% 的工作運作期間。

學以致用練習 61

先挑一份工作案,決定案子所需的時間長度,再定義截止期限的長度與本質,然後回過頭專注於運作期,把心力全放在這段期間,並合理安排截止期限前的工作進程。

第一次圖解就上手的圖像思考法
The Diagrams Book

62

適用情境 ➜ 規劃技巧、設計流程

個人交期：
擺脫壓線衝刺的拖延習慣

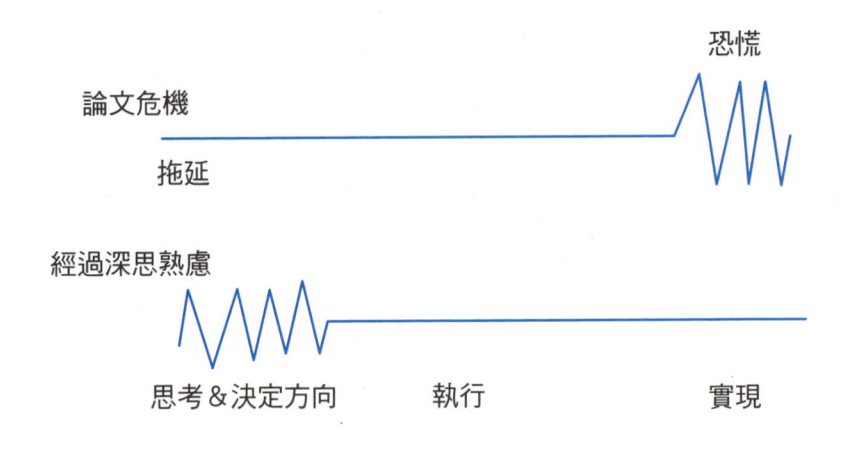

```
論文危機                                    恐慌
                                          /\/\/\
拖延                                       


經過深思熟慮
      /\/\/\
   思考＆決定方向        執行           實現
```

- 個人交期，檢視的是多數人拖延太久才開工的問題。

- 在大學時期，許多人為了應付作業或論文截止日期所養成的習慣。

226

- 普遍的認知是，審慎安排一段期間的工作進度，就比較不會在壓力之下草率趕工，也能產出品質更好的成果，但人性使然，還是有不少人喜歡拖到最後一刻才動工。

- 這張時間軸的用意就是趁時間還寬裕，幫我們提前專注執行任務。

- 經過深思熟慮的軸線顯示，提早檢查各種素材和重要問題，對我們絕對有好處。

- 運用這種做法時，所有重要決策者會提早開會，判斷最適合進行的方向，這個階段只是一個大致的估測，準確度約落於 80%。

- 決定好方向之後，就能開始依序執行任務，並順暢無阻地完成。如果恰巧出現與原先預測方向相互矛盾的資訊，現在還有時間調整方向。

- 軸線圖的用意是避免論文危機，也就是思考階段拖得太長，最後在不必要的時間壓力下草率執行每個步驟。「我要有壓力，才表現得好」，這種陳腔濫調並不是真的，只是在誤導人。

學以致用練習 62

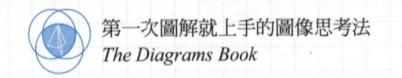

挑一份你已經知道截止期限的工作案件,最晚不超過一週之後。從截止期限回頭估算完工前,你需要投入多少心力,立刻決定方向,最晚不要超過明天,並利用剩下的時間,井然有序地開始執行任務。

適用情境 → 設計流程、人際關係

63

文化交期：
誰先開始，誰就能掌握主導權

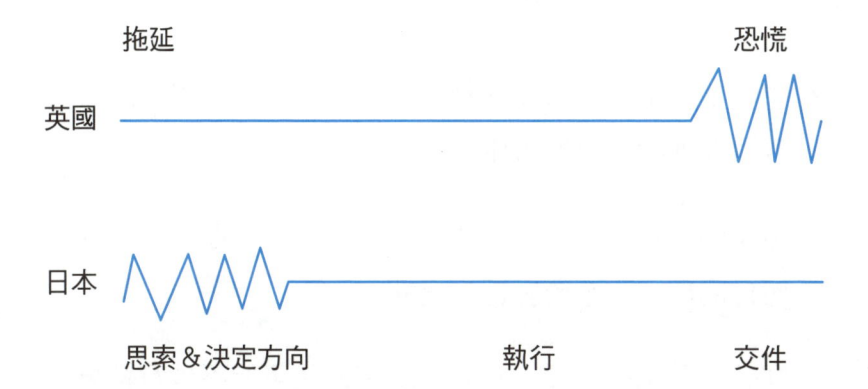

英國　拖延　　　　　　　　　　　　　　　恐慌

日本

思索＆決定方向　　　　執行　　　　　交件

- 這張文化交期軸線顯示面對交期時，不同文化所採取的不同做法。

- 試想軸線是日本人和英國人發布與行銷製品的時間軸，這裡只是隨便舉這兩個國家當例子。

- 日本線軸顯示，他們會先苦思問題、決定方向，盡快跳出思考階段，最後還有餘裕為了交件努力衝刺。

- 英國線軸顯示，由於沒有儘早解決難題，他們拖到最後一刻，陷入焦慮恐慌。

- 第二種做法遵守「先從棘手問題切入」的哲學，因而比較可能準時交出優秀產品。

- 這是因為如果中途冒出意想不到的發展，他們還有餘裕應付處理，不至於影響到交期。

- 同時還有犯錯的緩衝空間，就算最後可能不會有結果，仍有探索各種方向的機會。再不然就是還能改變心意，抑或單純想到更好的點子。

學以致用練習 63

選一個大案子，檢視貴公司的文化傾向，思考所有專案參與者的做法，預測哪些人可能拖延，並設計一個能早早處理困難決策的計畫。

64

適用情境 ➡ 年度計畫

年度簡圖：
大小公司常用的規劃圖表

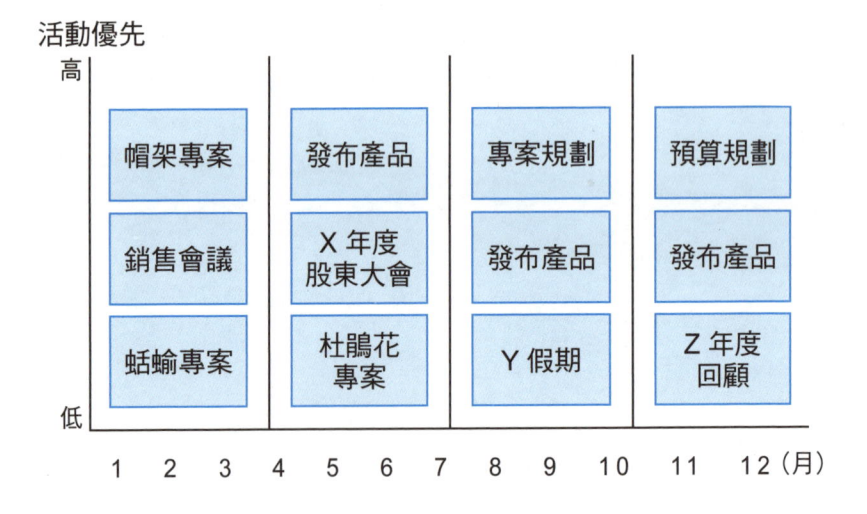

活動優先
高

帽架專案	發布產品	專案規劃	預算規劃
銷售會議	X 年度股東大會	發布產品	發布產品
蛞蝓專案	杜鵑花專案	Y 假期	Z 年度回顧

低

1　2　3　4　5　6　7　8　9　10　11　12（月）

- 年度簡圖，是典型的年曆圖表。

- 這張圖表的形式是羅馬教皇格里 13 世（St. Gregory XIII）於 1582 年正式推行的格里曆（公曆）。

- 公曆共分成 12 個月，顯示出晝夜平分時，雖然完全沒問題，卻不見得是適合公司的有效時間軸。

- 不管怎樣，世界各地的公司都會使用年度簡圖，顯示他們的財務表現（財務年度），大多會把一年分成「四個季度」或「三個月為一期」。

- 雖然水平軸線的內容只能是時間季度，垂直軸線卻能加入各式各樣的變數。

- 就這裡來說，垂直軸線是以專案的重要性為標準，依序分散於四個季度。

- 這張圖表或許是世界通用的簡略年視圖。

學以致用練習 64

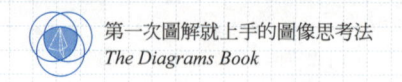

先挑一個年度,選好垂直軸線的主題,依照月分順序列出一整年的主題內容,把製作好的圖表當成規劃工具,預測行動時機和資源需求。

65

適用情境 → 年度計畫

三分法與季度的年視圖：
三段式規劃，帶來不同效果

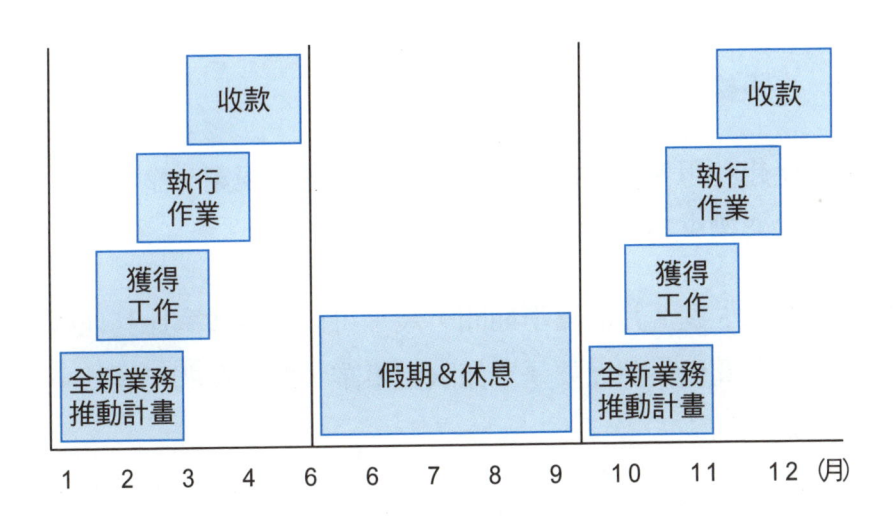

	收款			收款
	執行作業			執行作業
	獲得工作			獲得工作
	全新業務推動計畫	假期＆休息		全新業務推動計畫

1　2　3　4　　6　6　7　8　9　　10　11　12 (月)

- 三分法與季度的年視圖，是另一種分配年度的做法。

- 許多公司不是很滿意以四個季度分配時間，因為每個季度的時間顯得略短，無法讓人清楚看見這段期間內的活動。

- 三分法是以四個月為一個時間週期，讓公司能在第一個月就啟動全新業務推動計畫，並在第二個月獲得工作訂單或專案，第三個月執行作業，第四個月收款，因而完成一個完整的業務週期，如此安排可以有效計畫或進行事後檢討分析。

- 比起利用傳統的四個季度，用這種方式規劃一整年，通常能帶來不同的發現。

- 例如 5 到 8 月的夏季期間，幾乎可以確定效率比其他兩段期間低，然而要是季節限定事業，閒置期間可能就不太相同。

學以致用練習 65

拿出你目前的年視圖，我幾乎可以肯定地說這張圖表共分成四個季度。現在利用三等分法重新規劃時間。如果你的公司有特別的季節模式，就把三分法的起始日挪至最合理的月分，想一想這麼做是否對你今後規劃一整年較有幫助。

66

適用情境 ➜ 年度計畫

未滿 12 個月的年視圖：
找出值得全力以赴的時間

高效率： 6 個月（平均值之上）
低效率： 6 個月（平均值之下）
決策窗口（D）：3、5、9月
危機炸彈（＊）：1、4、8月

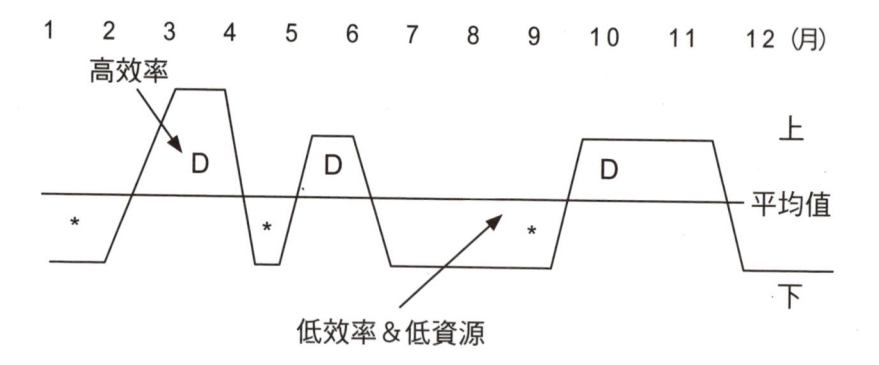

- 未滿 12 個月的年視圖，能針對公司的整體營運節奏，或特定時期表現不佳的情況，提供深層的洞察與反思。

- 表面看來，公司事業一年 12 個月都很活躍，但實際上不少期間都毫無效率可言，這張圖表能讓我們看清哪段時期的效率低落。

- 每間公司的節奏都大不相同，不過在這個例子中，效率最高的時期（高於平均值）是 3 月、5 月、9 月。

- 在「決策窗口」期間，每個重要的決策者都在場做出決定，並且執行實踐。

- 偶爾也會引爆「危機炸彈」，也就是意料之外的扯後腿發展（這裡是 1 月、4 月、8 月），「危機炸彈」會消耗大量時間和能量，讓公司偏離正常工作正軌，以致於表現低於平均值。

- 要是回頭觀看過去幾年的模式，你就會發現大多事件皆可預測，也在默許中發生，通常會和普通的假期模式撞期，但不是每每皆然。

- 用這種方式觀看一整年的時間，通常會發現「一年 12 個月」其實比你想的要短。

學以致用練習 66

觀察明年，預測可能高效率和低效率的期間，若有必要，可以預測決策窗口和危機炸彈發生的時間點，接著總計真正高效率的月分，考慮是否要重新檢視你之前做過的業務預測和資源規劃。

67

適用情境 ➜ 策略布局、年度計畫

策略和戰術年視圖：釐清兩者差別和啟動時機

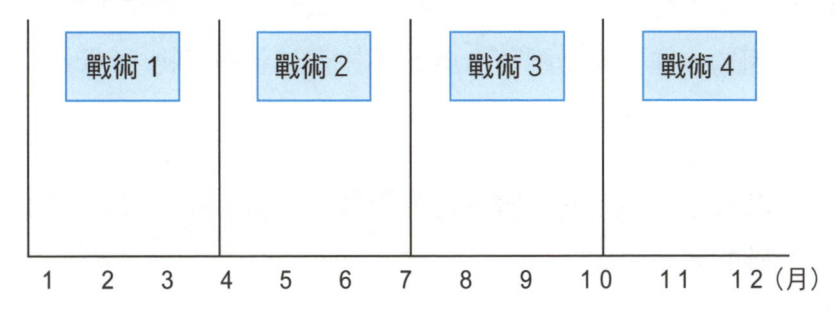

總體思想（策略）			
案例和證據（戰術）			
戰術 1	戰術 2	戰術 3	戰術 4
1 2 3	4 5 6 7	8 9 10	11 12（月）

- 讓公司企業最頭大的，是搞不清楚「策略」和「戰術」的差異，也不知該如何規劃這兩者。

- 這兩者年視圖有助於釐清「策略」與「戰術」。

- 策略是總體思想，以長格或橫木的圖形放在圖表中最上方。主題和方向一致，不會改變，可用來評判和測量其他活動。

- 在某些模型中，總體思想被當作一種根基，兩種做法都可以接受，只要要素不變即可。

- 就拿策略來說，真正的重點不是改變，而是維持不變，因為人往往喜新厭舊，會忍不住嘗試各種事物，不改變反而需要勇氣。

- 戰術則是策略的具體案例或證據，運用方面必須要有明確的起始收尾。

- 這張年視圖能清楚區分這兩大要素，讓你可以精準規劃何時啟動戰術。

學以致用練習 67

觀察明年年度的活動，決定整體策略，然後把整體策略當成連貫一致的總體宗旨。選幾個數量剛好的戰術，把戰術放進正確的時間區隔，綜觀整體戰術，看看是否達到恰到好處的平衡，再使用年視圖向同事解釋你的計畫。

68

適用情境 ➜ 改善效率

能量線：
檢視資源是否用在對的地方

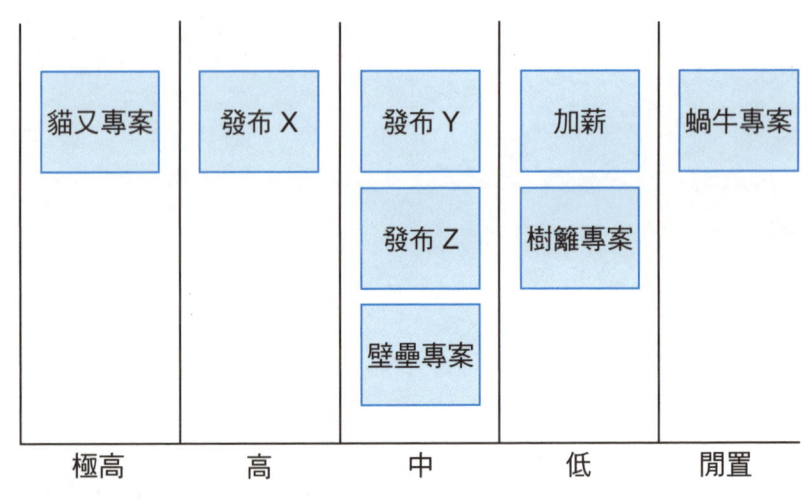

極高	高	中	低	閒置
貓又專案	發布 X	發布 Y	加薪	蝸牛專案
		發布 Z	樹籬專案	
		壁壘專案		

能量線

68. 能量線：檢視資源是否用在對的地方

- 能量線是《想到就能做到》（*Making Ideas Happen*）作者、美國企業家史考特‧貝爾斯基（Scott Belsky）於2010年所提出。

- 多半公司和員工要同時兼顧的專案太多，偏偏能量是他們最寶貴的資源，而能量很有限，所以他們無法同時兼顧所有事務。

- 這裡的概念是依據每份專案所需的能量，在能量線上分配專案，就像圖表呈現的那樣。

- 有一個值得注意的重點，那就是這並非根據你處理專案的總時長進行分類，投入的能量與整個專案生命週期花費的總時長，並不相同。

- 用這種方式分類工作，你可能會忍不住想問，你是否把能量用在對的事情上。

學以致用練習 68

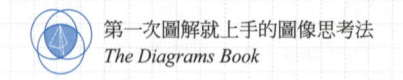

拿出你所有的專案列出一份清單，分別放在能量極高到閒置的類別中，記得專注在能量上，而不是耗費的時間。根據優先順序調整專案位置，確保資源和能量分配得當，並按照需要，根據專案的數量和平均時長重複這個過程。

69 動機下滑曲線圖：分析專案和人際關係的階段

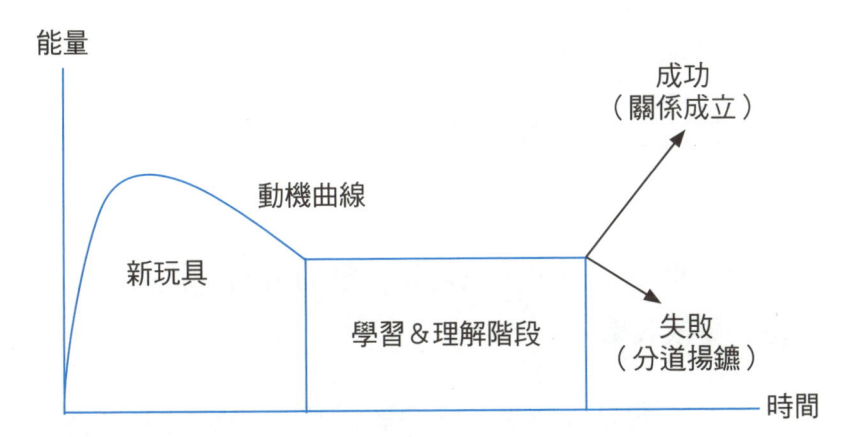

適用情境 → 激發動機

（圖：能量 vs 時間。動機曲線：新玩具階段上升後下降，進入學習＆理解階段，最後分岔為成功（關係成立）或失敗（分道揚鑣））

- 動機下滑曲線圖，是另一種觀察能量和資源運用的方法，也能用來分析專案或人際關係。

- 這張圖表探討一段時間的熱度，預測情況可能動力下滑的時刻。

- 垂直軸線，代表某任務或關係運用的總能量。

- 水平軸線，則是動機水平可能經歷的各種階段。

- 一般來說，剛開始都沒問題，抱持的是「新玩具」思維，也就是所謂的蜜月期。

- 在比較穩定的學習與理解階段展開之前，會先經歷動機下滑曲線。

- 之後，專案不是移往成功和完整的方向，就是虎頭蛇尾，失敗收場。

- 要是檢視的是人際關係，最終階段會決定雙方是否合作，例如：客戶和代理公司，是否能建立有效關係，抑或分道揚鑣。

學以致用練習 69

挑一件即將展開的專案或一段人際關係,標出可能經歷的階段,釐清動機下滑曲線何時發生,並找到應對方法。你也可以利用這個方法,回顧事情何時出錯,並且從中記取教訓,下一次改進。

70 動機晾衣繩圖：有效調配一整年的員工計畫

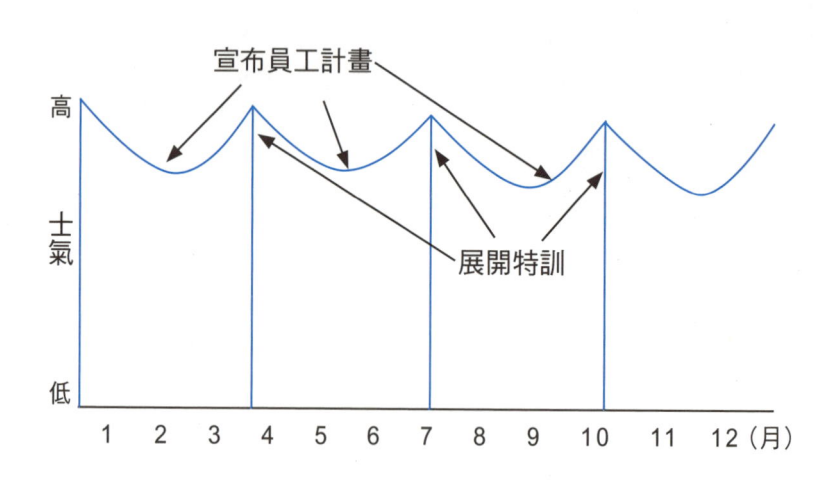

適用情境 ➡ 激發動機、團隊工作

宣布員工計畫

展開特訓

士氣 高／低

1 2 3 4 5 6 7 8 9 10 11 12（月）

- 動機晾衣繩圖，能讓經理，尤其是人力資源經理，有效規劃和調配一整年的員工計畫。

- 垂直軸線代表員工士氣，正常來說，我們都希望士氣和頻率都越高越好。

- 最高點或晾衣繩桿的高點，則是士氣最高的時刻，正好與培訓計畫或公司員工輔助計畫同步發生。

- 不意外，隨著計畫結束，士氣也會跟著減弱。

- 一個經理最強的本領就是預測員工士氣的最低點，預防損害發生，而這也正是下一次應該宣布員工計畫的時間點，在預測士氣低迷的時刻，再次提振員工士氣。

- 要是運用這種方式規劃一整年的時間，經理就能確保員工士氣不會過低，同時預防公司不會遭到員工批評說缺乏激勵方案，畢竟每隔一段時間公司就會安排活動，或是新活動即將展開。

學以致用練習 70

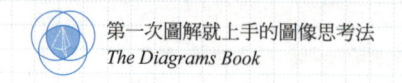

標出一整年員工士氣最低與最高的實際時間點,挑選一組數量剛好、有助於提升士氣的員工計畫,妥善分散安排於一年內,運用動機晾衣繩圖,在活動數量與提振士氣之間找到完美平衡。

適用情境 ➡ 改善效率

71

一日條碼圖：
干擾太多，工作成效難以高品質

```
0 123456 789012
```

9.00   1.00   6.00

- 這張條碼圖使用視覺方式，呈現一天下來，排滿幾百項簡短小任務是什麼樣子，但這通常都不是工作者自己的選擇，多半是因為不斷受到干擾。

- 受到干擾後，一般人重新集中精神通常需要 12 至 15 分鐘，才能回頭進行原本的工作，所以如果每小時受到干擾的次數超過 4 次，他們的職業生涯就泡湯了。

- 現代研究已顯示多工零成效，如果你想產出高品質的工作，就得替每份任務分配一段充裕的時間，而且不能中途打斷。

- 要是以類似下圖的方式規劃一天，你就能依照自己安排的方式，圓滿完成任務。

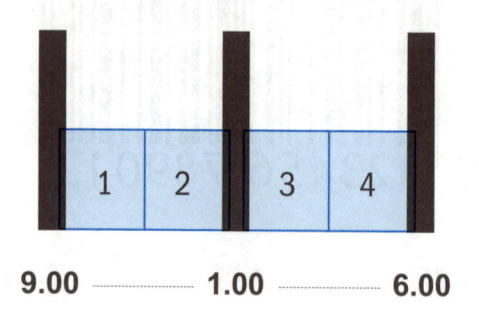

學以致用練習 71

　　檢視你這一天或這一週的行事曆,依照想完成工作的性質,分配可以執行的時段。標示出需要高品質思考的重要工作,估算所需時間,並預留充足的工作時段。去一個沒人能打擾你的地方工作,不要帶任何科技設備,若是需要可以分配短時間區段,快速處理零碎的行政瑣事或電子郵件。

72

適用情境 ➜ 付諸行動、決策思維、改善效率、任務排序

每日時間規劃圖：
好好運用今天的好工具

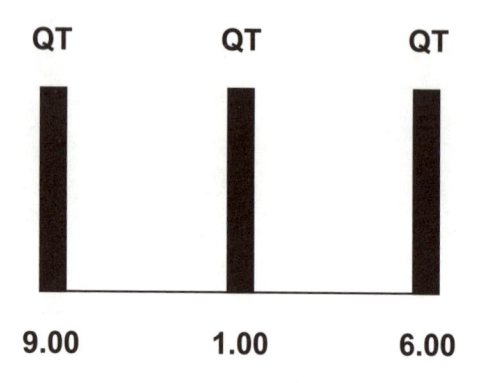

```
    QT          QT          QT
    █           █           █
    █           █           █
    █           █           █
    █           █           █
    █           █           █

   9.00        1.00        6.00
```

- 沒有比今天更重要的時刻，要是想清楚如何運用這一天的時間，對你好處多多。這種時候，每日時間規劃圖就派得上用場。

- 首先，我們必須把工作類型分成以下兩種：「量性」（QT）和「質性」（QL）。**「量性工作」的成果沒有好壞之分，只是不得不完成的工作；「質性工作」則需要花更多時間，拿出高品質是絕對必要。**

- 所以現在你可以採用新方法，依照「量性」和「質性」工作的差異，安排你的工作日。先分配簡短的「量性工作」衝刺時間，一口氣解決數個小任務，但一天內盡可能不要超過 3 次，每次最長不超過 30 分鐘。

- 然後抓出幾個長時間的區段，通常至少 1 小時，進行需要動腦思考或運用創意的工作。與「量性工作」交叉進行，但不要混合。

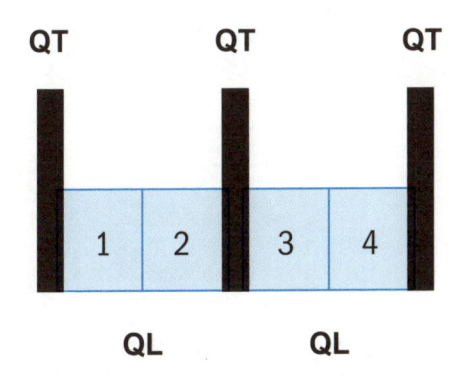

QT	QT	QT
1	2	3	4
QL	QL

學以致用練習 72

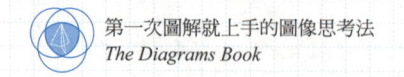

根據「量性」（QT）和「質性」（QL）的差異，以這裡的全新做法規劃一天。依照你個人的習慣做法，看你屬於晨型人或夜型人，檢查你安排的工作時間是否合理。

73

適用情境 ➡ 付諸行動、決策思維、改善效率、任務排序

均衡的一週規劃圖：
反思和放空，也排進行事曆

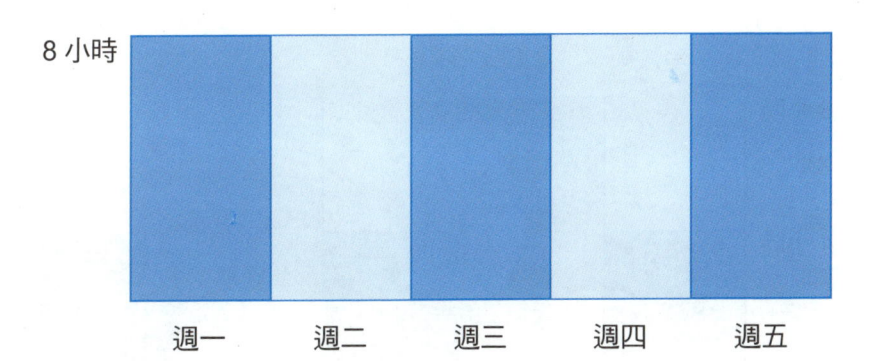

8 小時

週一　　週二　　週三　　週四　　週五

- 如果你的一週通常長得很像這張圖,那就糟了,因為你不可能長期維持這種狀態,再說我們都很清楚,很多人一天工時其實不只 8 小時。你需要的是均衡的一週規劃圖。

- 在一週的時間內,你必須排進思考和規劃的時間,好讓你有空去沉澱、反思、重新規劃。

- 即便是右側的一週安排,看起來也是行程滿檔,但至少還有喘息空間,可以停下來稍微恢復精力。

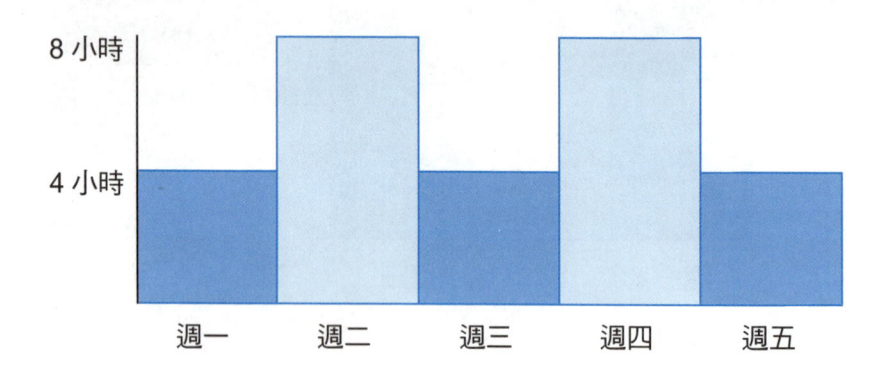

學以致用練習 73

檢視你過去幾週的工作時數,將工作量製成圖表,如果行程很滿,安排下一週時,除了合理的任務執行,也不要忘記納入思考的時間。盡可能刪減會議,騰出規劃和思考的時間,並堅定捍衛這段行事曆時間。

74 技術成熟曲線圖：辨識產品在哪個階段

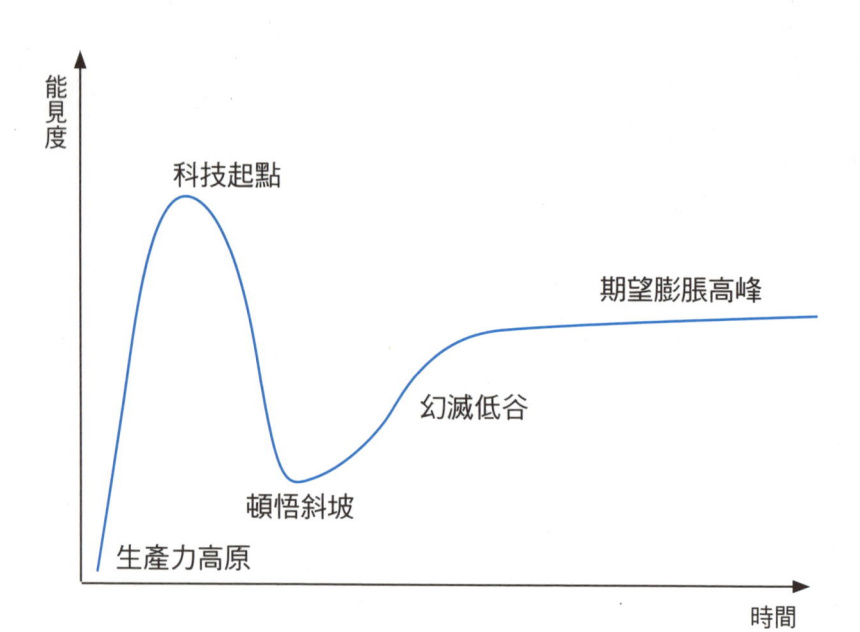

適用情境 ➔ 顧客研究、促進成長、創新改革、策略布局

能見度 ↑

- 科技起點
- 期望膨脹高峰
- 幻滅低谷
- 頓悟斜坡
- 生產力高原

時間 →

- 技術成熟曲線圖，是由美國資訊科技顧問公司顧能（Gartner）所發明，用來顯示科技產品通常會經歷哪幾個不同階段。他們承認圖表並不完美，但是圖形卻通常能道出真實情況。

- 最一開始是具有潛質的科技突破，即使這時實體產品尚未誕生。接著是期望膨脹的高峰，往往交織著成功和失敗的故事。

- 接著，興致逐漸消退，產品通常無法誕生，有些新成員甚至脫離市場，因而形成了低谷，直到第二、三代的產品改良，眾人廣泛理解產品優點才有好轉。

- 在生產力高原的穩定期，主流大眾逐漸接納產品。

學以致用練習 74

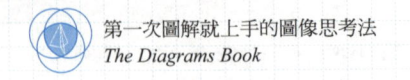

　　觀察某個市場，為你準備推出的嶄新科技或產品製作圖表，會是什麼樣的圖形？期間有多長？試想一款你打算推出市場的新產品，這個產品可能形成哪種模式？時間跨度有多長？是否可實行？重畫幾次，想像各種情境。

Part 4
75. 混亂的中程圖表：遇到難關的實際循環

75

適用情境 → 促進成長、創新改革、組織架構、年度計畫

混亂的中程圖表：
遇到難關的實際循環

快樂／時間

- 太棒了，開始吧！
- 啊，難得要死！
- 有感覺了……
- 耶！
- 哎呀！
- 不錯喔
- 可惡！
- 開香檳慶祝！
- 碰壁！
- 這才對嘛！
- 搞什麼鬼！
- $$$!
- 糟了個糕
- %%?
- 搞定！
- 就這樣？

265

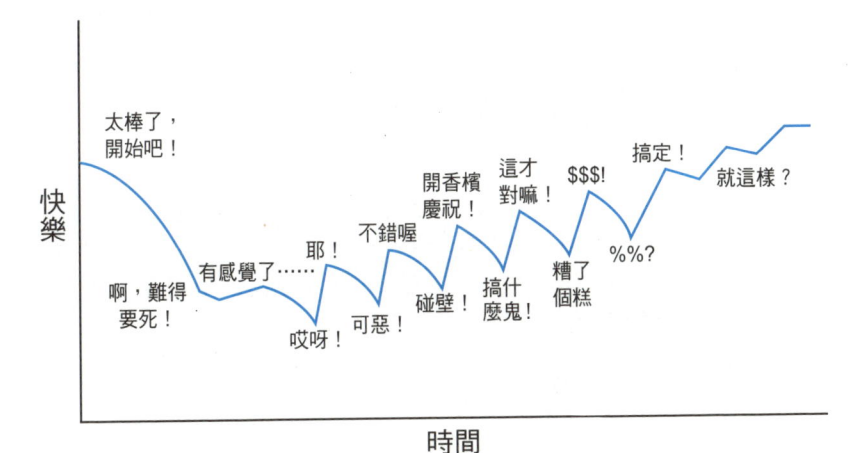

- 史考特・貝爾斯基在《混亂的中程》(The Messy Middle)一書中，提出「混亂的中程」同名圖表。他指出一般人都很重視開頭和結尾，卻很少探究混亂艱辛的歷程。我們通常都是在過程中克服重重難關，最後打造出成功的團隊和產品。中程或許不光鮮亮麗，卻深具啟發意義，你可以從中了解自己的能力，看見人類在困境之中展現韌性。

- 不意外，隨著任務愈見複雜，出現了這張圖表的第一次下滑，接著是經歷並克服一連串的小難關，最終曲線上揚，以成功收尾。作者描繪出一個完整循環，從起步、埋頭苦幹、優化改良到結束，週而復始。

- 這個模型可以協助團隊和公司認知專案可能遇到的實際發展。

學以致用練習 75

挑一個即將展開的專案,與其製作一張依序列出任務的傳統區塊圖,不如試著想像可能面臨的低潮和問題,標示出幾個低谷和高峰,看看是否能為專案、工作流程、動機、時機、資源分配提供不同方針。

76 理性淹沒銷售技巧圖：重新定義客戶需求

適用情境 → 談判協商、報告呈現、排除阻力、銷售分析

- 這是一張重新詮釋銷售技巧的時間軸圖表，原始概念來自美國商業顧問馬修・迪克森（Matthew Dixon）和布蘭特・亞當森（Brent Adamson）的《挑戰顧客，就能成交》（*The Challenger Sale*），書中研究 6,000 名銷售員及他們使用的推銷手法。「理性淹沒」指的是利用理性方法（數據資料、證據等），重新定義論點或客戶需求，讓客戶發現他們原本認為的問題可能沒那麼重

76. 理性淹沒銷售技巧圖：重新定義客戶需求

要，轉而關注另一個更關鍵的問題。

- 這個做法往往能量化問題的實際隱藏成本，或是客戶完全忽略的商機規模。淹沒元素，指的是客戶意識到問題的嚴重性，或是發現自己對問題的理解不足，突然感到焦慮或擔心的時刻。

- 這張圖表只是顯示某一段銷售歷程，時間尺可能很短，或許是在報告時揭露數據的那個瞬間，也可能長達數個月，等到客戶或潛在客戶走出圖表右側的淹沒階段，做出成功銷售的決定。

- 簡單用句子解說，可以這麼表達：「你確實在 X 方面有問題或機會，但你知道你也在 Y 和 Z 方面也有問題或機會嗎？以下就是證據。」

- 接著，在適當時機引導客戶走出淹沒階段，找到解決方案。

學以致用練習 76

　　檢視某份即將進行的銷售報告或銷售流程，與其直接向客戶推銷你的產品，或是沿用同舊有的銷售報告，不如思考這種銷售技巧運用的節奏。客戶目前認定的問題真的已經是全部了？是否有資訊能引導客戶洞察更嚴重的問題，同時挖掘更多潛在的機會？利用這些資訊，打造一個更具說服力的銷售論點。

77

適用情境 ➡ 數據應用、促進成長、創新改革、規劃技巧

革新鯊魚鰭圖：
不斷革新，讓優勢不間斷

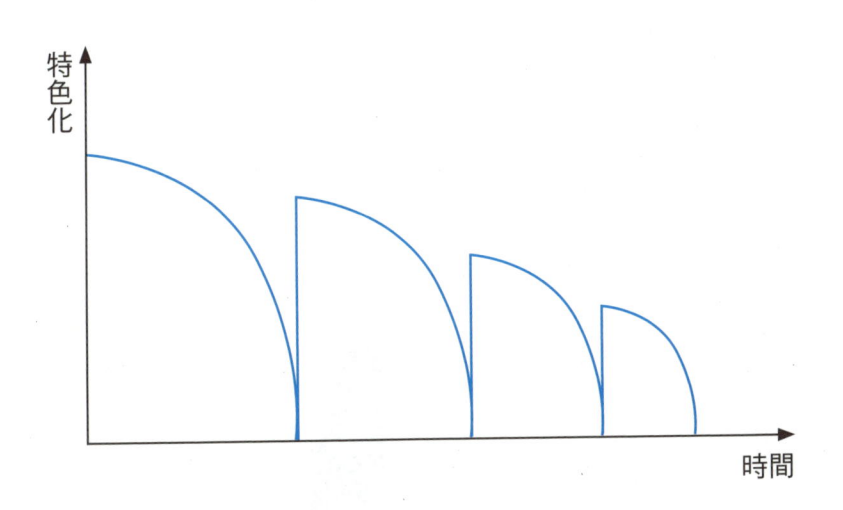

特色化 ↑

→ 時間

- 皮特森與里斯特勒在《搶下最強銷售的對話》一書中，另一項重要貢獻，是提出這張反映市場動態的「鯊魚鰭圖」。圖表背後的洞見在於：長期觀察產品差異化的趨

勢會發現，每當公司推出創新產品時，往往能在短期內取得利潤，卻難以長期維持。通常只能在競爭對手尚未跟進之前收割成果，一旦對手迎頭趕上，原有的優勢便隨之消失。

- 這裡的概念就是找尋下一個、下下一個革新，讓**優勢不間斷**。你會注意到鯊魚鰭會隨著時間越變越小，而作者在這裡挑戰你「不要跑輸鯊魚」。

- 當然，對一間公司來說，能出現一個鯊魚鰭已經相當難得，更別說擁有好幾個了。最常見的情況，是市場長期處於平穩狀態，某一刻突然爆紅，熱度退去後又回歸常態。

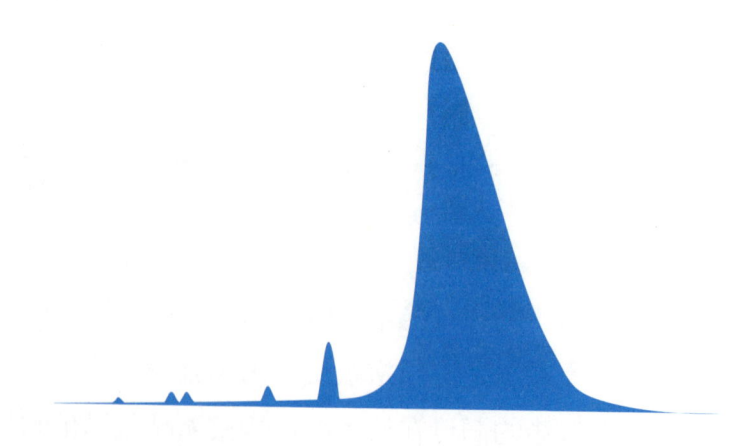

77. 革新鯊魚鰭圖：不斷革新，讓優勢不間斷

學以致用練習 77

　　檢視你的產品類別、領域、市場或產品範圍，請問出現哪種典型的成長和衰退的模式？畫出一組或一個鯊魚鰭，盡可能按照實際情況畫出形狀，並在底下加上時間軸，用這個模型預測該領域的未來變化，並做出相應計畫，以保持競爭力。

78 每天進步1%曲線圖：一年帶來 37 倍的成果

適用情境 ➜ 付諸行動、決策思維、改善效率、激發動機、任務排序

一年下來，每天退步 1%：$0.99^{365} = 00.03$
一年下來，每天進步 1%：$1.01^{365} = 37.78$

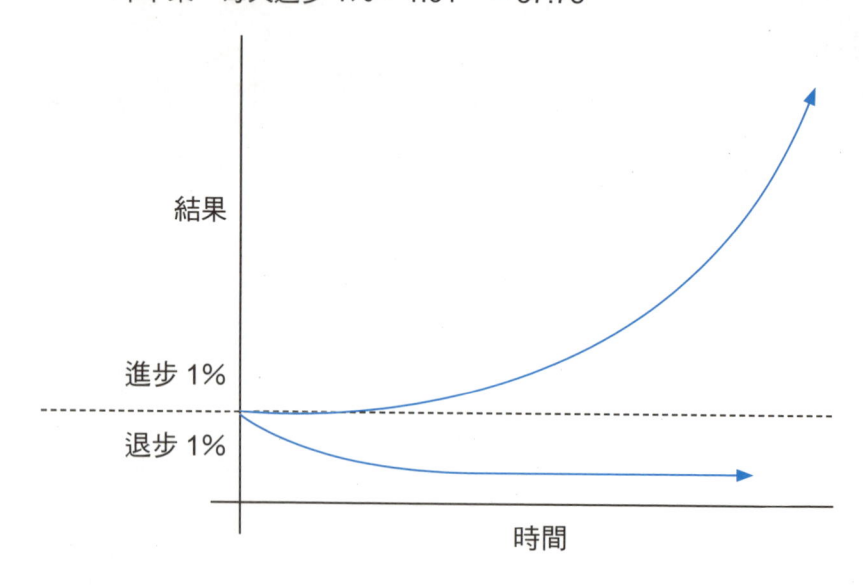

結果

進步 1%

退步 1%

時間

78. 每天進步 1% 曲線圖：一年帶來 37 倍的成果

- 接下來，我們將引用《原子習慣》（*Atomic Habits*）一書中三張與「時間概念」相關的圖表，為本章劃下句點。作者詹姆斯・克利爾（James Clear）如其名[*]，論點明確清晰，核心思想在於：**微小的改變，最終能累積成巨大的成果**。

- 這張曲線圖顯示，隨著時間演進，微小習慣也可能帶來龐大效益。如果你每天進步 1%，一年下來就能達成 37 倍的正面成果，而且這個數字絕對不是亂算的。

---

[*] 克利爾的英文 Clear 有清晰的意思。

學以致用練習 78

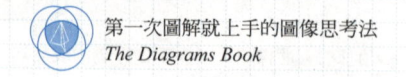

不用馬上行動，只需要理解複利式成長的概念，並考慮培養一個對你更有益的新習慣。

79 隱形潛能高原圖：看出期待值與現實之間的關係

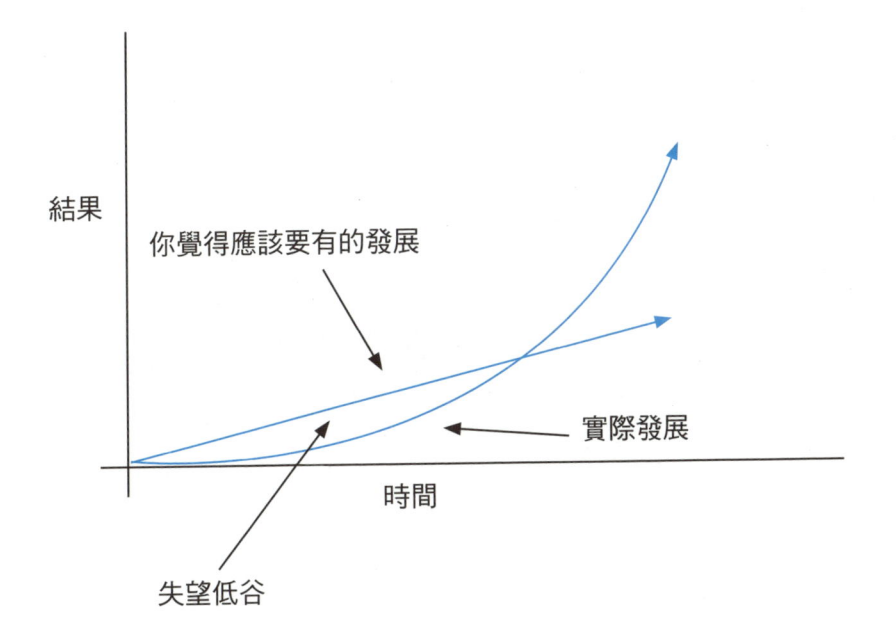

適用情境 ➜ 改善效率、激發動機、任務排序

結果

你覺得應該要有的發展

實際發展

時間

失望低谷

277

- 這是第二張摘自詹姆斯‧克利爾的時間軸圖，說明期待值與現實之間的關係。我們往往以為進展是直線進行，但這絕非實際狀況，你的付出不會馬上有成效。

- 這種狀況之下往往會產生失望低谷，付出龐大心力卻沒有收割成果，很容易讓人灰心氣餒，不過努力通常不會白費，只是隱藏在某處，晚一點才收割好處，和動機下滑曲線圖有異曲同工之妙。

Part 4
79. 隱形潛能高原圖：看出期待值與現實之間的關係

學以致用練習 79

　　試想一件你努力減少的壞習慣，或是想認真培養的好習慣。製作可能發生的時間軸，標出你覺得會開始看見成效的時間點，接著算進適當的延遲，外加失望低谷，介於這兩者中間的時間就是你的隱形潛能高原。

80

適用情境 ➜ 改善效率、任務排序

習慣線表：
形成一個新習慣的曲線

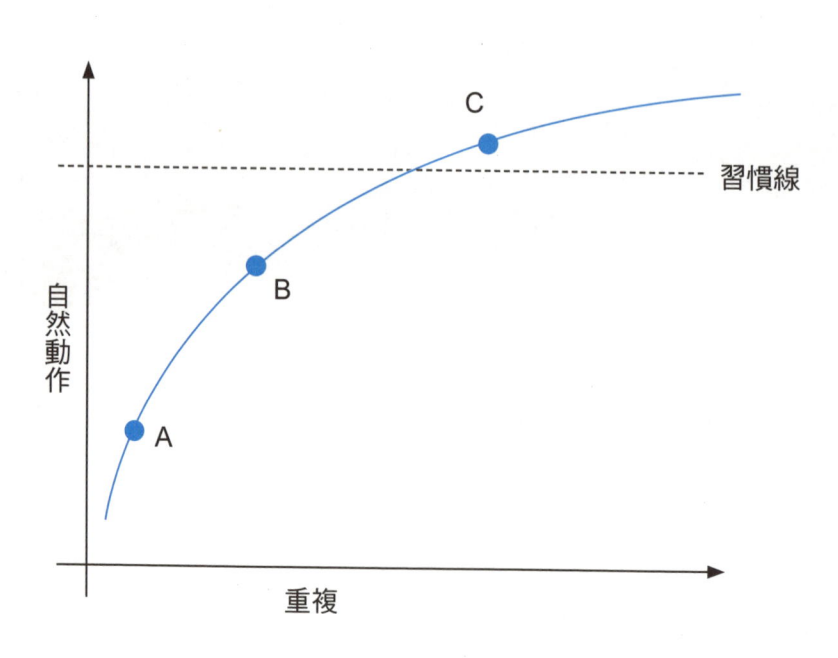

縱軸：自然動作
橫軸：重複

圖中標示點 A、B、C，虛線為「習慣線」

- 最後，是詹姆斯·克利爾的第三張圖表，這張簡明的示意圖清楚說明了習慣是如何養成的。

- 在一開始（A），執行習慣需要大量的努力與專注；經過幾次重複（B），雖然變得比較容易，仍須刻意思考；當執行的次數逐漸累積（C），行為就會從有意識逐步轉為自動化。一旦跨越「習慣線」，行動幾乎不再需要思考，便會自然成為一種新習慣。

學以致用練習 80

　　與其說是練習，比較類似一種心態。試著應用這個原則，養成出一個新的好習慣，直到變成下意識的動作，再一路衝破習慣線。

Part 5

流程圖和概念圖：
看見思考路徑，
想法不再打結

有些概念需要流動，可能必須經歷一段曲折進程。

組織內部的工作必須順暢運行，職員也得了解工作流程或運作方式。

流程圖的重點一定是顯示動向。

可能是一段時期，可能指出方向，抑或表示某種過程。

也可能代表一種思路或概念的流程。

河川、水壩、漏斗、料斗、水桶，凡是與水有關的，都可能有助於讓點子流動發展。

適用情境 → 組織架構

81 組織圖：畫得正確，團隊運作更順暢

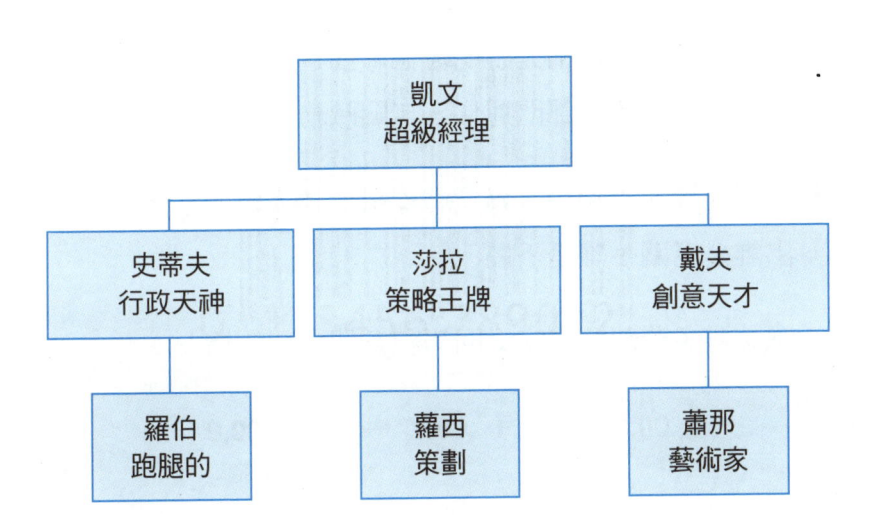

```
           凱文
         超級經理
        /    |    \
   史蒂夫   莎拉   戴夫
   行政天神 策略王牌 創意天才
     |       |       |
    羅伯    蘿西    蕭那
    跑腿的  策劃    藝術家
```

- 組織圖最重要的原則，就是清晰明確。

- 目的是向圖表中的人物解釋應該如何與同事互動，也能用來向潛在客戶解釋公司組織的內部運作。

- 一張清楚的圖表，應該能讓人一眼就看出基本層級，誰是老闆、老闆的下屬是誰……並以清晰的縱線連起，顯示上下關係。

- 若有幫助，可以補充說明每個職務角色。整個圖表流程也可能單純講解部門運作，無關職務角色。

- 這裡虛線並不適用，畢竟虛線可能讓人滿頭霧水，看不出誰是老闆、誰是下屬。

- 應該避免跨部門的交叉回報和多個上司的情況。

學以致用練習 81

挑選一張現有的機構圖表,也可以從頭畫一張新的。用簡易的層級圖表釐清誰是誰的下屬,並以縱線標出關係,若有必要就補充職務描述。避免跨部門交叉回報、虛線和多個上司的情況。這張圖表可以用來釐清職務角色,或是辨別錯綜複雜的人際關係。

82

適用情境 ➜ 組織架構

錯誤的組織圖：
造成混亂、沒重點的設計

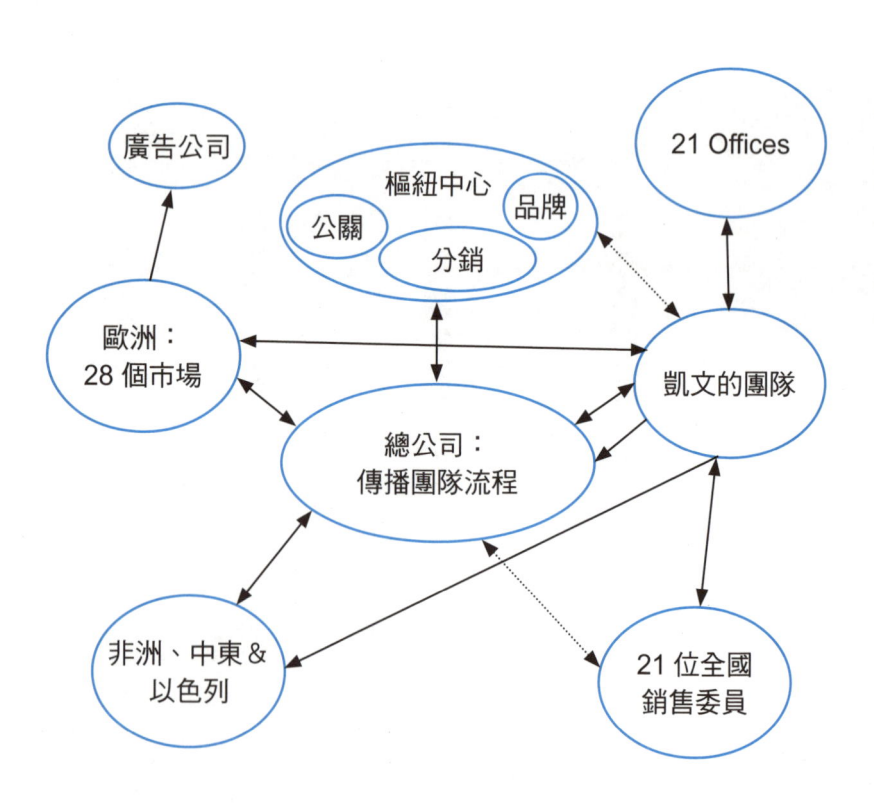

- 廣告公司
- 樞紐中心
  - 公關
  - 品牌
  - 分銷
- 21 Offices
- 歐洲：28 個市場
- 凱文的團隊
- 總公司：傳播團隊流程
- 非洲、中東 & 以色列
- 21 位全國銷售委員

- 曾經有人拿著這張圖表，要我解釋一間廣告公司與國際客戶的合作關係。要是有人看得懂這張圖，麻煩請和我聯絡。

- 組織圖常常違反圖表的黃金法則，畢竟圖表的終極目標，應是清晰說明狀況，以及提供淺顯易懂的資訊。

- 可是，這張圖表犯的錯誤實在太多。

- 第一，共有 11 個圓形，會不會太多了。

- 第二，共有 12 個箭頭，一樣太多了。

- 第三，一圓中還有一圓，簡直莫名其妙。

- 第四，居然有令人想不透的虛線。

- 第五，圓形大小並未指出某職務或分支的重要性。

學以致用練習 82

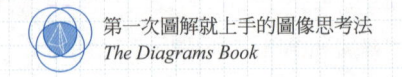

選擇一組錯綜複雜的相互關係,或是找一張令人滿頭問號的組織圖,盡可能刪減多種成分,分析每個箭頭,弄清楚它想表達的意思。要是圖表的資訊量爆炸,可以拆解製成兩、三張比較清晰的圖表。

適用情境 ➜ 改善效率、創新改革

三只水桶圖：
有效分類專案、釐清專案成效

基本專業　　　強大差異性　　　主宰優勢

- 「三只水桶」這項練習，是美國行銷顧問亞當・摩根（Adam Morgan）於 2004 年在其著作《內在海盜》（*The Pirate Inside*）中提出的概念。

- 這個方法對於分類專案、釐清專案成效很有幫助。

- 每項專案都必須歸入其中一只水桶中。

- 左側代表「基本專業」，也就是「應有的高水準」——你和競爭對手都必須達成的基本門檻。

- 中間是「強大差異性」，是指「大幅超出正常水準」，比你的競爭對手明顯強很多，但不至於到無敵的程度。

- 右側是「主宰優勢」，這些是「出類拔萃」的專案，在市場上獨樹一幟，具備真實卓越的優勢。

- 這項練習可用來判斷，具備差異化競爭力的專案數量是否充足。

學以致用練習 83

　　列出目前手上所有專案，依照這三種標準，仔細審查每份專案，並裝進不同水桶，觀察每一個水桶內的數量，再回頭檢視是否達到平衡，根據你的分析，取消不必要的專案或尋覓更具潛力的專案。

適用情境 ➜ 顧客研究、促進成長

漏斗、料斗或漏水桶圖：
招攬顧客到流失的過程

生意進

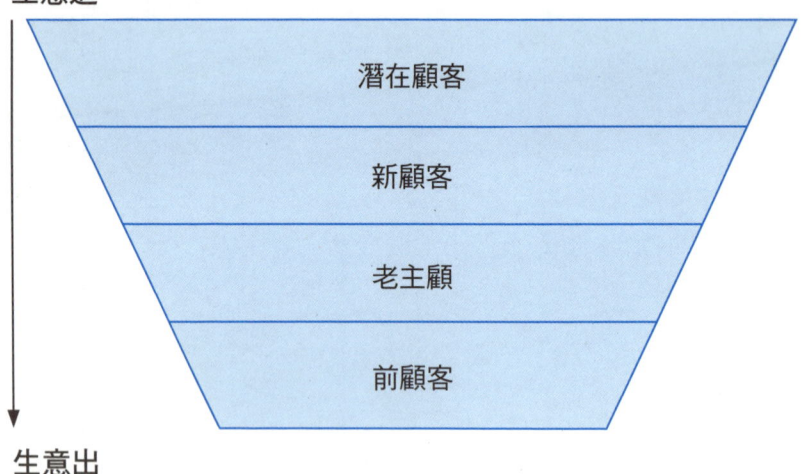

| 潛在顧客 |
| 新顧客 |
| 老主顧 |
| 前顧客 |

生意出

- 這張圖表可以當成一只收窄的漏斗、漸細的料斗，或單純是舊水桶。

- 大多情況下，寬廣頂部象徵的是較大的數量或數字。

- 以這裡的案例來說，圖表檢視的是招攬新客的過程。

- 很多是還沒成為顧客的潛在顧客，有一部分的人最後真的成為顧客。

- 一段時間下來，新顧客變老主顧，而他們遇到產品或服務出問題的機率也隨之增加。

- 要是沒有妥善處理顧客的不滿，老主顧就會揮揮衣袖離開，成為前顧客。

- 公司可以用這一系列「生意進」到「生意出」的過程，分析他們需要多少潛在顧客，公司生意才能持續發展，同時了解顧客是否滿意他們提供的服務或產品。

- 要是相較於生意進帳，離開的顧客人數太多，就會變成急需補救的漏水水桶。

學以致用練習 84

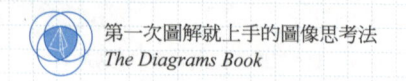

　　利用這張料斗圖,由高至低列出潛在顧客變成前顧客的流程,每一層都填上數字,用這個漸進過程分析,相較於新進顧客的數量,業務流失的老主顧是否太多。採取因應措施補救失衡狀況。

Part 5
85. 沙漏圖：看見流程中最容易卡住的地方

85

適用情境 → 改善效率

沙漏圖：
看見流程中最容易卡住的地方

變數 X

窄點 →

變數 Y

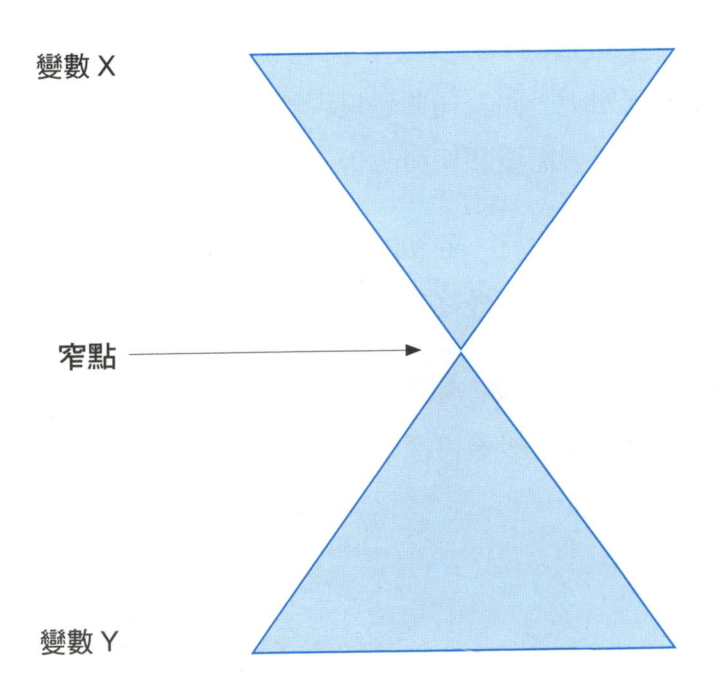

297

- 沙漏圖的運用十分靈活彈性，可以用來陳述概念或示範流程。

- 就概念來說，通常用來描述頭尾豐富、中間卻很匱乏的現象。

- 例如，沙漏圖可用來說明某些組織架構中常見的現象：資深高管與基層主管人數眾多，中階經理則相對不足。

- 可以用這張圖表揪出工作流程和批准過程中遭遇的瓶頸，例如：一間公司要是呈現沙漏狀，很可能存在不平衡的情況，需要關切與改善。

- 就工作流程而言，最初的素材或概念數量龐大，進入窄點後逐步收斂，最終在底部再次擴展延伸。

- 舉例來說，假設你原本發想了 20 個點子，經過篩選後只保留一個，接著再深入拓展這個最終方案。

85. 沙漏圖：看見流程中最容易卡住的地方

學以致用練習 85

　　利用沙漏圖檢視大量選項，刪減至一個最好的點子，再進一步拓展這個點子，檢視所有可能的做法。可以考慮加上時間軸，決定所有決策的時間點，並且用來當作下一份工作案件的指導模板。

86

適用情境 ➜ 化解衝突、報告呈現、銷售分析

領結圖：
說服從刪減開始，重點自然浮現

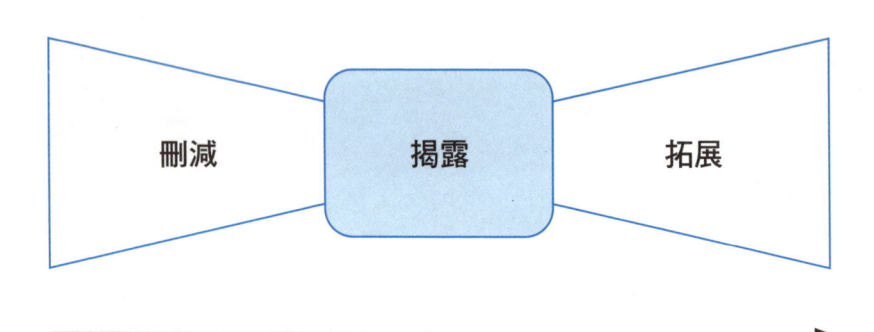

刪減　　揭露　　拓展

論證線

86. 領結圖：說服從刪減開始，重點自然浮現

- 領結圖，是橫版的沙漏圖。

- 領結圖能清楚呈現如何說出一個有說服力的策略故事。

- 論證線的方向，是從左到右進行。

- 從寬領結的左側開始，這裡會考慮和討論各種廣泛的選項和可能。

- 經過調查與分析，範圍會逐漸縮小，剔除並減少不適合的選項。

- 等到選項刪減完畢，就會揭露核心概念、思想或主題。

- 稍微思考揭露重點的本質之後，概念會逐漸拓展，以解釋所有可能的應用方法。

- 這是一種訴說策略故事的好做法。

學以致用練習 86

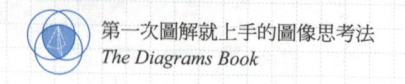

挑一個你必須在報告中解釋的策略或基本原理,把領結圖當作模板,從寬闊的左側開始,仔細解說你是如何縮減刪除選項、找到核心主題,接著擴展並說明要如何把這個做法應用在各種情境。

適用情境 ➡ 決策思維、銷售分析

決策樹狀圖：
釐清每次選擇的可能結果

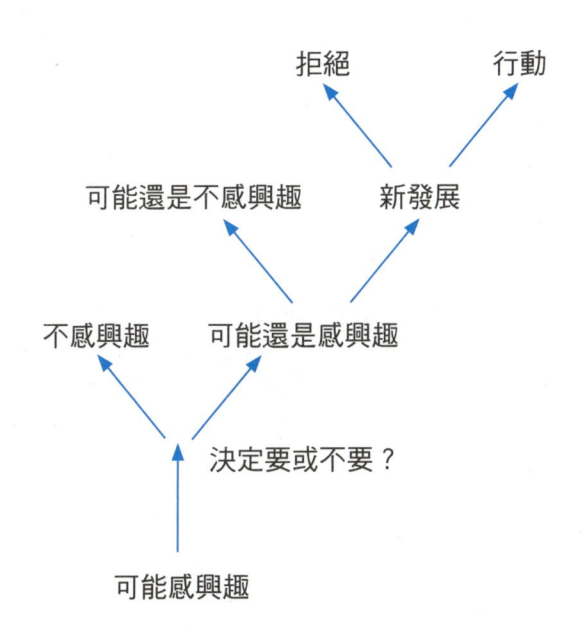

```
                    拒絕         行動
                      ↑           ↑
                       \         /
         可能還是不感興趣   新發展
                  ↑         ↑
                   \       /
      不感興趣    可能還是感興趣
         ↑           ↑
          \         /
           決定要或不要？
                ↑
           可能感興趣
```

- 決策樹狀圖是一種流程圖表,能描繪出複雜的決策過程、對話或互動的可能方向。

- 每根樹枝代表一個決策節點,可能是明確的「要」或「不要」,也可能是「沒興趣」或「可能」這類傾向模糊的回應。

- 描述拖延漫長的銷售決策過程時,樹狀圖特別好用,例如:醞釀期可能長達 3 年的買車。

- 樹狀圖也可列出問卷的選項、客服中心的對話應答或手機裝置的科技界面選項。

- 還可以用真實的樹木、河川分支、小路徑、幹線等圖片,製作更具藝術美感的圖表。

學以致用練習 87

挑一個可能會有許多小決策的銷售流程,最好至少 6 個步驟,一一列出顧客從不感興趣到確定購買的心境轉換。揪出重要的決策時刻,並研究如何在這些時候影響顧客的決策,讓他們掏腰包買單。

88

適用情境 ➜ 改善效率、規劃技巧

河川和水壩概念圖：
一一拆解成效與阻力

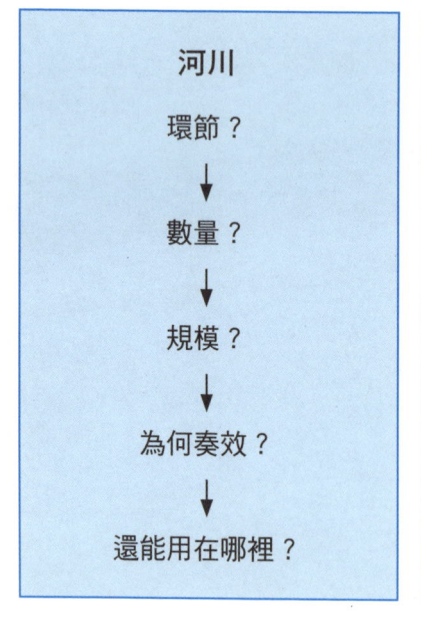

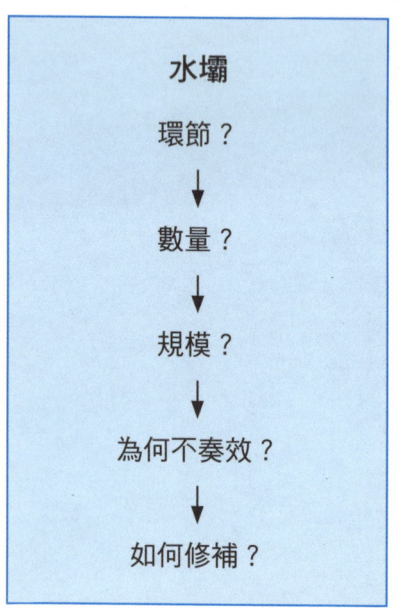

河川	水壩
環節？	環節？
↓	↓
數量？	數量？
↓	↓
規模？	規模？
↓	↓
為何奏效？	為何不奏效？
↓	↓
還能用在哪裡？	如何修補？

- 河川和水壩概念圖,可以觀測一間公司的工作流程,以及該流程是否有效。

- 河川,是指運作良好、順暢無礙的事務。

- 水壩,則代表瓶頸,運作不順暢,進展停滯。

- 這兩種情況下要問的前三個問題都一樣:**有哪些環節?數量多少?規模有多大?**

- 由於河川的運作良好,所以想知道原因,並決定可以用在公司哪個部門環節。

- 由於水壩代表運作不流暢,因此需要知道原因,才能找出修正解決的方法。

- 若其中一種有很多需要處理的事務,就根據事務或問題的大小或重要性,決定優先處理的事項。

學以致用練習 88

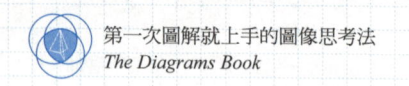

挑一個需要檢視的部門，也可以是全公司或某特定流程，辨識並分類為河川和水壩，接著分別提出這 5 道問題，擬定計畫，以提升優良運作的機率、修補導致不良運作的問題。

89

適用情境 ➜ 銷售分析

服務支軸圖：
看出服務水準失衡的程度

服務過度
（供應太多）

服務結束
（供應不足）

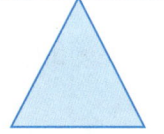

- 服務支軸圖檢視的是，服務產業供應過度和不足的巧妙平衡。

- 三角形支軸座落在正中央，水平線象徵完美平衡的狀態，也就是服務供應恰到好處，既能滿足顧客需求，價格也正確。

- 如果服務產業供應過多，就等於服務過度，因而造成利潤流失，有時只能打平成本，甚至虧損。

- 要是服務公司供應不足，就等於服務不夠完善，無法滿足顧客需求，這種時候就可能採取「終結」服務的情況，顧客會另尋合作對象。

- 可以搭配數據（例如：員工工時、售價、利潤）對照這張圖表，看出服務水準失衡的程度。

學以致用練習 89

挑一段服務關係，集中該服務項目的運作資料，例如：耗費時間、利潤、收益，看看公司是否有服務過度或不足的現象，然後採取妥當行動。

90

適用情境 ➜ 化解衝突、領導管理

問題去個人化概念圖：
以「我們」取代「你我」

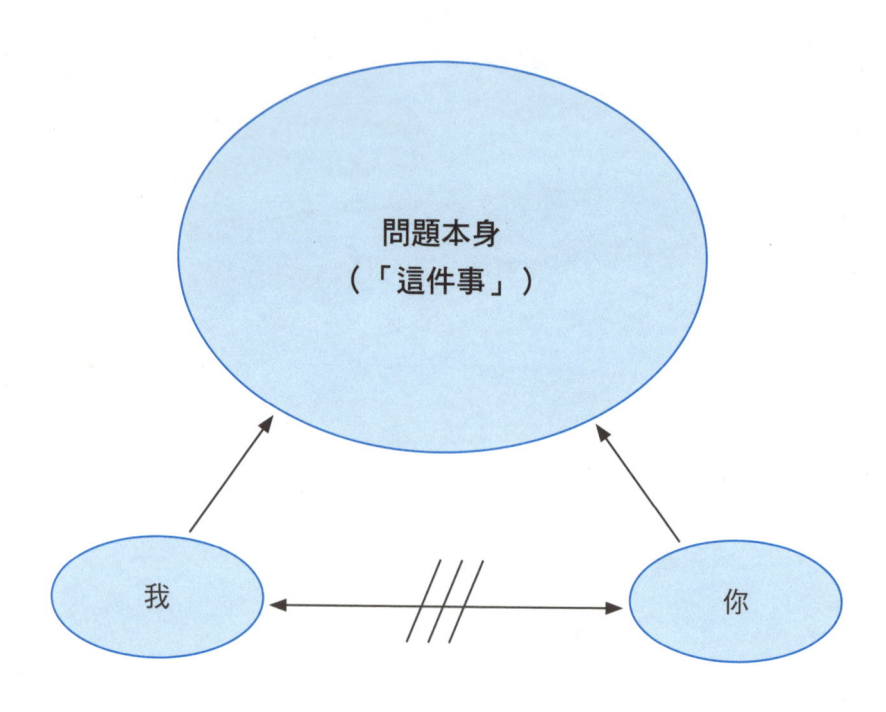

問題本身
（「這件事」）

我　　　　　　　　　你

- 在過度牽涉個人情緒導致疙瘩產生時，問題去個人化概念圖有助於冷卻情況。

- 在公事上，要是某個層面的工作讓人感到沮喪，核心問題往往都出在人，而不是事情本身，當這種情況發生，語言可能會太針對個人。

- 圖表底部連起「我」和「你」的水平線，代表的是針鋒相對的兩方，貫穿橫線的縱斜線強調「我」和「你」的用詞沒有幫助，應該避免。

- 反之，問題應該被當作一顆大汽球觀看，以「這件事」形容。

- 討論問題時，應該以複數的「我們」取代界線清楚的「我」和「你」。

- 例句如下：「這問題真的很嚴重，對不對？不過，好在我們有很多不同的解決方法。」

學以致用練習 90

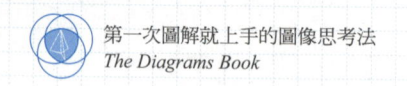

　　找一件牽涉太多私人情緒的問題,討論的時候去除個人用語,以客觀的「這件事」觀看問題,再以集體的「我們」提出解決方案。歡迎把這個方法推薦給任何捲入紛爭的同事。

適用情境 ➡ 付諸行動、改善效率

91 本質主義圖：打造精簡重點式的生活

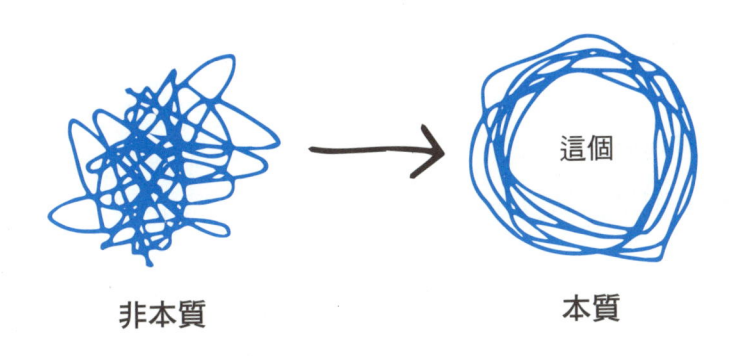

非本質 → 本質（這個）

- 這裡把兩張圖表放在一起進行對比。美國暢銷作家格雷格‧麥基昂在著作《少，但是更好》中，提倡以紀律的節奏追求少而精簡的生活。非本質主義者沒有紀律可言，來者不拒，什麼都好，卻過著不滿足的生活。

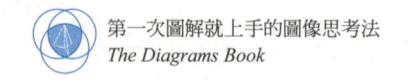

- 認為所有事物都不可割捨的人,就像圖表左側般雜亂無章。

- 本質主義者追求少而精,能夠打造出精簡重點式的生活。

- 他們覺得幾乎所有事物都不必要,所以除非答案不是明確的必要,就必定割捨省略,因而得出右圖的清晰透徹。

- 至於能量,與其馬虎敷衍地去做一堆事,不如專心做好一、兩件事,畢竟兩種情況的能量要求相當。

- 這道理就好像衝往 100 萬個方向,卻只得到一毫米的進展,或是去做真正重要的事,獲得大幅度的進展。

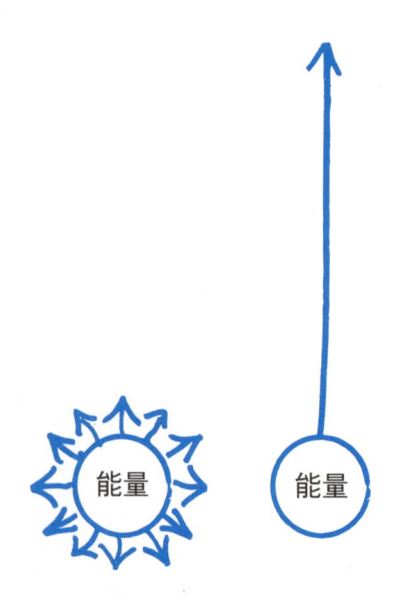

91. 本質主義圖：打造精簡重點式的生活

學以致用練習 91

套用本質主義思維，從頭到尾查看你的待辦清單，劃掉不必要的事項，看看最後還剩下什麼，問問自己：「今天非做不可的事有哪些？」緊接著採取行動，並專心只做這件事。無限重複這個循環。

第一次圖解就上手的圖像思考法
The Diagrams Book

92

適用情境 ➡ 溝通表達、改善效率、銷售分析

雙向人格弧線圖：
不同人格的銷售表現

從外向程度觀察銷售收益

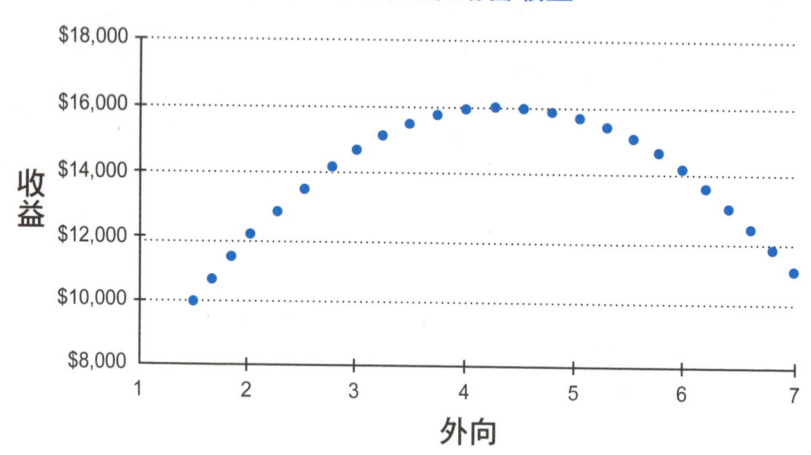

收益

橫軸：外向（1–7）
縱軸：$8,000–$18,000

資料來源：賓州大學，亞當・葛蘭特

- 一般人都認為外向人格者最適合當銷售員,然而賓州大學教授亞當‧葛蘭特(Adam Grant)的研究卻推翻了這個論調。

- 雙向人格弧線圖以位居左側的內向人格,跨到右側的外向人格,顯示出不同人格的銷售員表現。

- 極度內向的人很難推銷成功應該不意外,但極度外向的人其實也沒好到哪去,主因是他們的所作所為可能壞了大事,像是過度熱情和自信、太常打擾顧客。

- **最成功的銷售員都具備雙向人格**。雙向人格早已不是全新流行用詞,1920年代已經出現,用指能在「偏向觀察」和「偏向回應」之間找到平衡的人。雙向人格是一種強而有力的綜合體,希望世界各地的內向者了解之後也能找到平衡。

學以致用練習 92

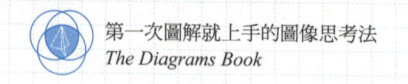

先把銷售當作單純說服他人，接受你的觀點是有意義的。然後想像你下一場要面對的類似挑戰，可能是提案或報告，現在平衡極端外向（太煩人）和極端內向（太封閉）的特質，融合兩者後提出你的立場觀點。

適用情境 ➜ 化解衝突、團隊工作

93

文化適應曲線圖：
適應新環境面臨的階段

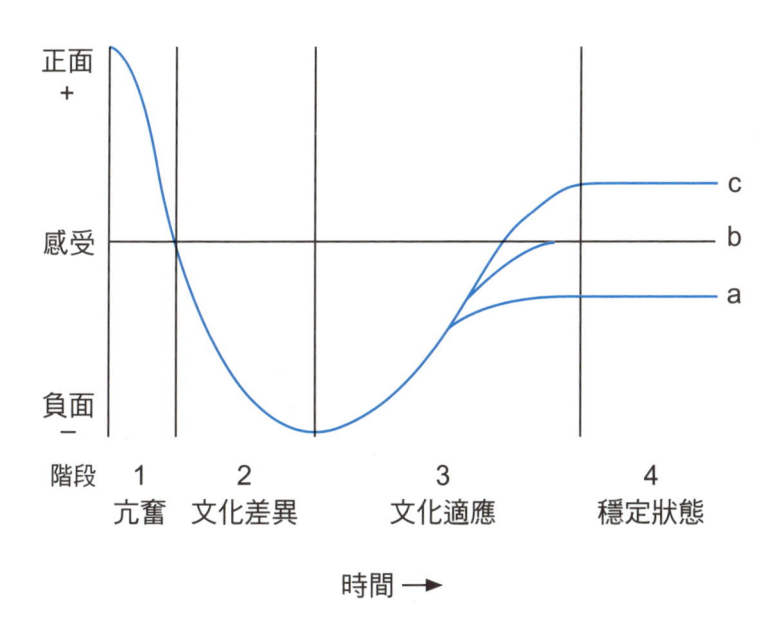

正面
+

感受

負面
−

階段　1　　2　　　　3　　　　　4
　　　亢奮　文化差異　文化適應　穩定狀態

時間 ➜

- 文化適應曲線圖的應用廣泛，水平軸線指的是感受或情緒狀態，垂直軸線則是正面或負面感受，圖表顯示出多數人都是透過分享和學習某個團體的特質和社會模式，去適應一個文化。

- 這張曲線圖可以用在初來乍到新環境的人，例如：剛換新工作、搬到新國家、到海外求學的學子⋯⋯

- 第一階段是亢奮期，對於新環境帶來的可能性興奮期待，緊接而來是文化差異造成的不知所措，文化適應發生在第三階段，接著是希望已適應新環境的穩定狀態。和所有模型一樣，這張圖表並非絕對通用，只當作一種有效指引。

- 雖然這張曲線圖現在廣為流傳使用，但發明者其實是荷蘭心理學家霍夫斯泰德（Greet Hofstede）與他的兒子格特（Gert）在跨文化合作領域上，做出諸多重要的研究貢獻。

Part 5
93. 文化適應曲線圖：適應新環境面臨的階段

學以致用練習 93

　　想像剛到一個新環境（工作、國家、社群等）時，你可能會面臨的心境和情況，試著預想你在不同階段可能會有的感受。可能的話，補充每個階段可能發生的時間軸，或者利用這張圖表，預測某個新人或團體的行為。

94

適用情境 ➡ 顧客研究、銷售分析、策略布局

提升正向銷售策略圖：
看見應該朝哪個方向努力

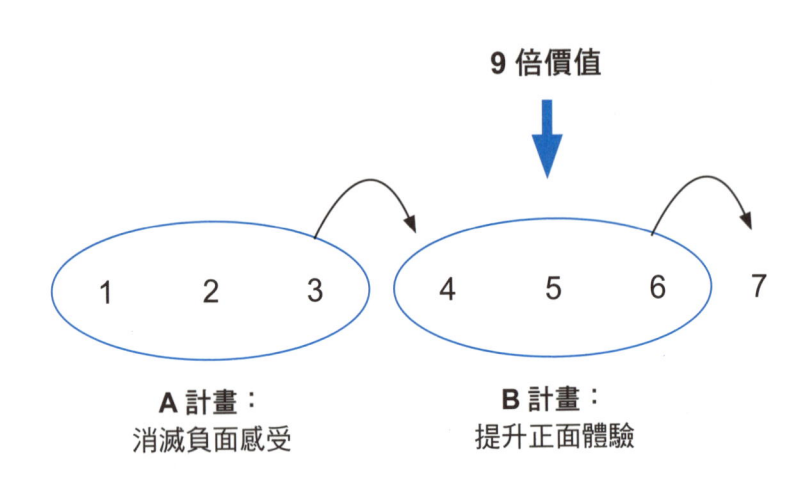

9 倍價值

1　2　3　　4　5　6　　7

A 計畫：
消滅負面感受

B 計畫：
提升正面體驗

94. 提升正向銷售策略圖：看見應該朝哪個方向努力

- 圖表摘自美國教育家奇普・希斯（Chip Heath）和丹・希斯（Dan Heath）的著作《關鍵時刻》（*The Power of Moments*），讓你看見應該朝哪個銷售方向努力。全球顧客經驗研究機構弗瑞斯特（Forrester）進行年度調查，請12萬人從1（極差）到7分（極好），為他們的顧客體驗進行評分。

- 依照平均情況來看，通常公司會在A計畫上使出8成心力，也就是消滅負面體驗，讓評分1到3分的顧客提高分數至4分，但這個做法成效其實不高。

- B計畫（將4到6分拉至7分）提升的價值多達9倍，因為不管是什麼樣的顧客，只要滿意度夠高，願意花的錢就越多，而感受正面的人數也大幅增加。

學以致用練習 94

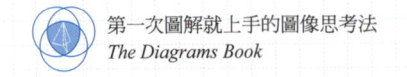

檢視你在銷售和行銷方面所下的心力。請問你的心力多半用在哪裡？如果答案是說服對產品或服務不太有興趣或喜惡參半的人，不妨試著把心力轉移至已經對你（合理）展現出友善姿態的人，可能反而事半功倍。

95

適用情境 ➔ 溝通表達、領導管理

密齒梳圖：
備受主管重視，宏觀整體公司

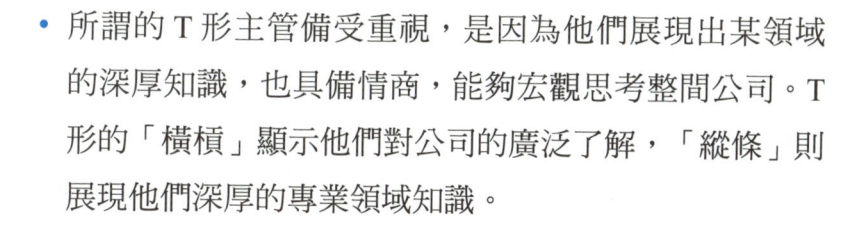

T

- 所謂的 T 形主管備受重視，是因為他們展現出某領域的深厚知識，也具備情商，能夠宏觀思考整間公司。T 形的「橫槓」顯示他們對公司的廣泛了解，「縱條」則展現他們深厚的專業領域知識。

- 但是在一家面向多樣豐富的現代公司,成功經理必須樣樣精通在行,於是構成一連串的 T,模樣就像密齒梳的側面。密齒梳的比喻最早是由本書作者在他的著作《聰明職場之書》（*The Intelligent Work Book*）中提出。

- 這個故事想要傳達的訊息是,光有宏觀思維或專注細節是不夠的,成功的現代資深主管需要不斷審查大小問題,不時以微觀和宏觀的角度觀看局勢,他們的專業必須從左到右橫跨密齒梳。

95. 密齒梳圖：備受主管重視，宏觀整體公司

學以致用練習 95

　　如果你渴望晉升成功的資深主管，先觀察公司的全面業務範圍。你對每個領域的理解與認識是否充足？如果不夠，就要想辦法補充知識，唯有如此你才能在你或顧客需要時，在組織內部精準找到適合專業人選或資源。

96

適用情境 → 溝通表達、報告呈現、銷售分析

吊床和釘床圖：
報告的黃金法則

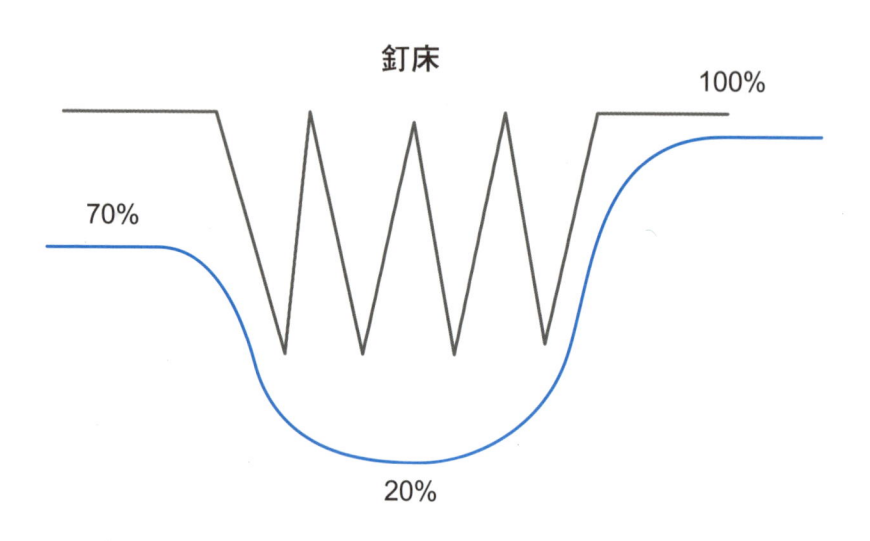

釘床

100%

70%

20%

- 研究顯示人會記得 **70%的報告開場、20%中段、100%結尾**，不管是 5 分鐘還是 1 小時都一樣。要是製成圖表，節奏就會很類似一張吊床。

- 報告的黃金法則是，優秀講者應該要以意想不到的話語，讓聽眾立刻豎起耳朵，看見良好契機或公司可能面臨的威脅、發現問題的緊急性、提出全新觀點，並示範他們的提案為何有效用。

- 請注意，中央的釘床是聽眾打哈欠的時候，而你的目標是盡快跳出這個階段。

學以致用練習 96

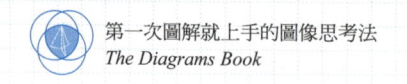

看一下你準備做的報告,再回過頭觀看圖表中的吊床和釘床形狀,打造出吸睛開場及強大結尾,思考一下中段要如何準備,釘床階段還是越短越好。

97

適用情境 → 付諸行動、決策思維

龍蝦捕籠決策模型：
典型的決策過程

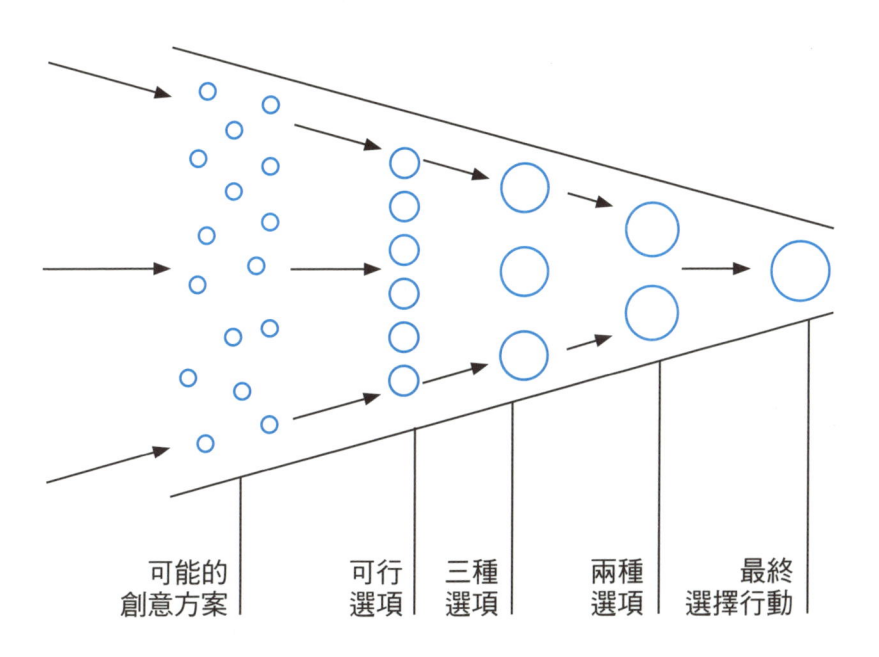

| 可能的
創意方案 | 可行
選項 | 三種
選項 | 兩種
選項 | 最終
選擇行動 |

- 龍蝦捕籠決策模型，最初出現在英國管理思考大師約翰‧阿代爾的《判斷的藝術》（*The Art of Judgment*），設計原理非常類似本書前述的遞減楔形圖。

- 大量的初步創意方案會從左側進入，接著依照可行性進行篩選，不實用就遭到剔除。隨著我們往捕籠右側移動，就會得到 3 種選項，並縮減至 2 種可能，最後選擇一個最終行動。這就是典型的決策過程，乾淨俐落。

學以致用練習 97

挑一個你試著解決的問題,或是需要新鮮策略或點子的專案。利用各種腦力激盪的技巧,得出一堆可能執行的點子,先不要太急著下結論,檢視每個點子的可行性,看看是否能實際執行?剔除不適合的點子,縮減選項至 3 個,然後 2 個,最後選出最好的那一個。

98

適用情境 ➡ 數據應用、決策思維、設計流程、策略布局

方法流程圖：
選出正確方法的初步流程

- 選出正確方法的最大重點，就是至少要先有一個方法，無論你處理的是什麼樣的工作，都要先規劃出一個初步的流程或步驟順序。

- 在這個案例中，第一部分就是檢查眼前所有證據；第二部分是檢視管理階級的觀點；第三部分是比較管理階級和職員的觀點；第四部分粗略列出初步構想，修改和驗證，接著仔細檢查，確保能夠促成最有利的結果。

- 如果想不出方法，可以選擇你想得到的適當要素，然後以合乎邏輯的順序排列，得出最終決策，最好為每個階段設定時間限制。

98. 方法流程圖：選出正確方法的初步流程

1. 簡縮數據
2. 管裡階級反應
3. 職員反應
4. 初步構想
5. 修訂構想
6. 確認
7. 輸出結果

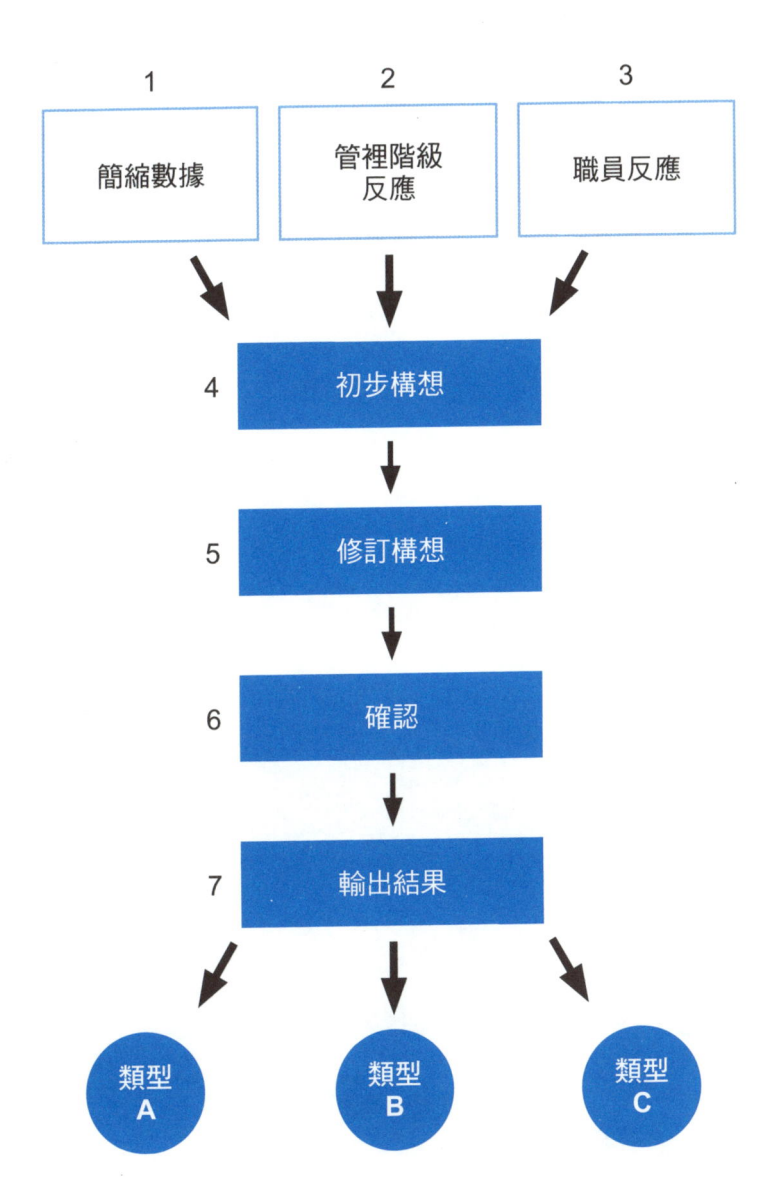

類型 A　類型 B　類型 C

學以致用練習 98

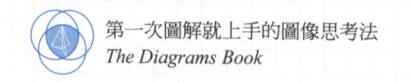

　　根據任務的規模、複雜程度、重要性，適量選出幾個步驟階段，以大方向規劃最可能帶來成果的方法，說明你們所面臨的挑戰、檢視可能選項、發想新點子、然後篩選縮減至應付得來的數量，接著做出最終決策，產出適當的結果。

適用情境 → 改善效率、激發動機

99 金髮女孩原則圖：
激起最高動機的挑戰

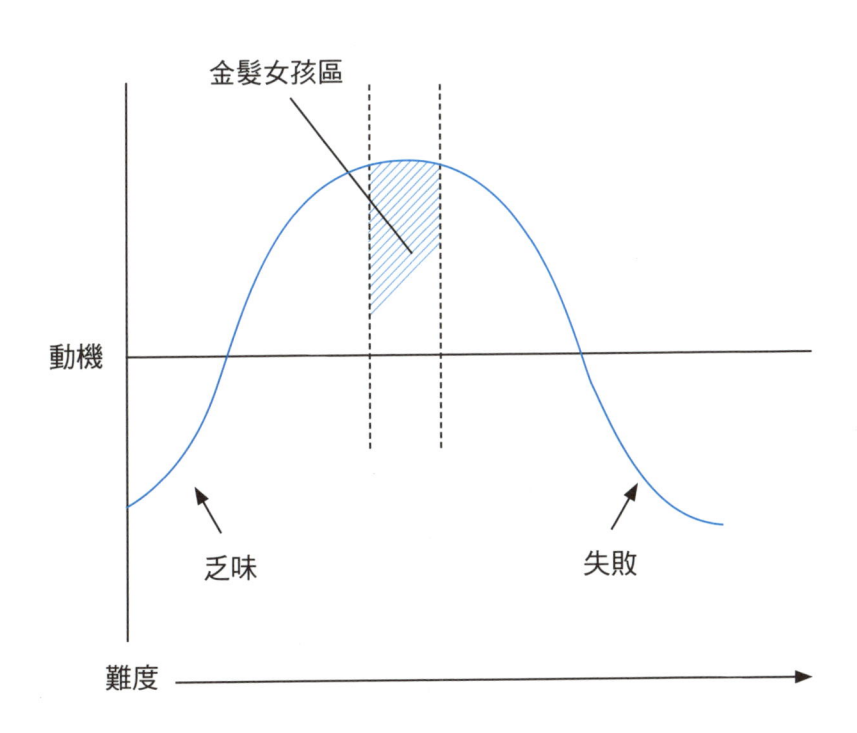

金髮女孩區

動機

乏味　　　　　失敗

難度

- 金髮女孩原則*圖有多種版本，這一張是來自詹姆斯‧克利爾的《原子習慣》，結合耶克斯─多德森定律（Yerkes–Dodson Law）的心理學研究，闡述若想要激起最高動機，最好要介於乏味和焦慮之間。當一個人面對應付得來、「剛剛好」的挑戰，便會激起滿滿的動機。

- 杜拉克管理學院（Drucker School of Management）教授米哈里‧契克森米哈伊（Mihaly Csikszentmihalyi），在講述如何獲得幸福的經典著作《心流》（Flow）中，首度提出「心流」概念。人在這種狀態下會十分專注，其他事情都變得不重要。

- 這種心理狀態，通常在需要高度專注且充滿挑戰、卻又能應對的情境中發生，行動和意識將會合而為一，你會感覺到掌控的矛盾，因為你一定具有某種程度的掌控，

---

* 金髮女孩原則（Goldilocks principle）源自英國童話故事《三隻小熊》（*Goldilocks and the Three Bears*），講述金髮女孩在山上採蘑菇時誤闖熊屋，並趁熊爸爸、熊媽媽、小熊不在家時，偷吃了三碗粥、偷坐了三張椅、偷躺了三張床，最後發現不太冷不太熱的粥最美味，不太大不太小的床和椅子最舒適。這裡的原則道理淺顯易懂，那就是「恰到好處」，這個概念也廣泛應用在各種科學與工程領域。

卻又說不上來是如何辦到的。這種狀態會讓人失去自我意識，對於時間的流動感受出現變化，幾個鐘頭可能感覺像只過了幾分鐘，或是才幾分鐘卻有種度日如年的感受。

學以致用練習 99

　　思考某項任務，可能是新挑戰或令你畏懼的任務，觀察心流在圖表流程中的模樣，看你能否根據你所理解心流可能的運作，確保任務落在難度恰到好處的範圍內，並以更積極有效的心態完成這項任務。

適用情境 → 釐清思考

100

惱人的流程圖表：
就算無法解說，也帶著幽默和哲學

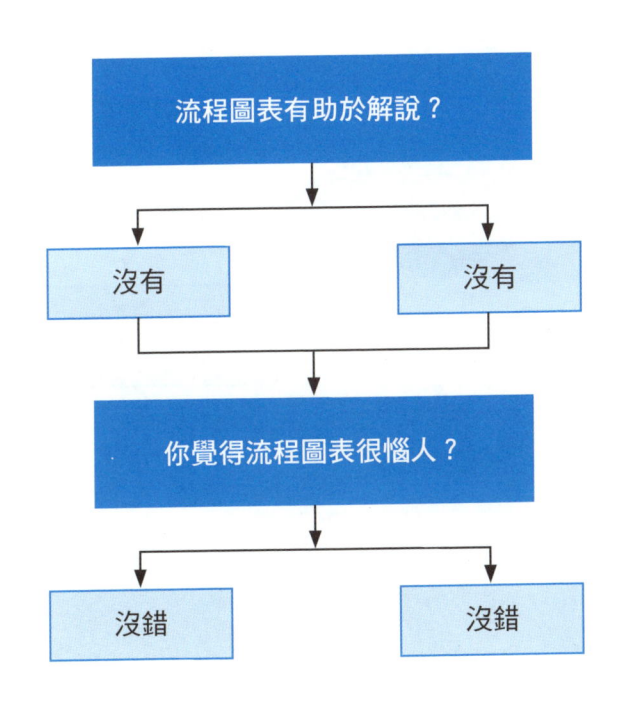

```
┌─────────────────────┐
│   流程圖表有助於解說？   │
└─────────────────────┘
       ↓
   ┌───┴───┐
   ↓       ↓
 ┌────┐  ┌────┐
 │沒有│  │沒有│
 └────┘  └────┘
   ↓       ↓
   └───┬───┘
       ↓
┌─────────────────────┐
│  你覺得流程圖表很惱人？  │
└─────────────────────┘
       ↓
   ┌───┴───┐
   ↓       ↓
 ┌────┐  ┌────┐
 │沒錯│  │沒錯│
 └────┘  └────┘
```

在此，用一張好笑圖表做總結。

343

幽默註腳

不要太機車的流程圖表

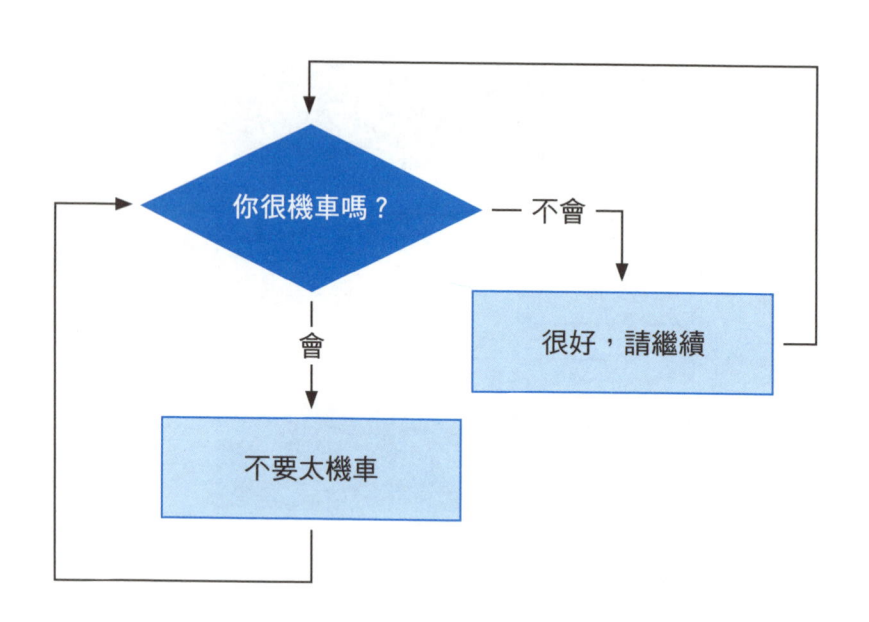

```
        ┌─────────────────────────────┐
        ↓                             │
   ◇ 你很機車嗎？ ──不會──→ [很好，請繼續]─┘
        │
        會
        ↓
   [不要太機車]
        │
        └─────────────────────┐
                              ↑
        (迴圈回到「你很機車嗎？」)
```

這裡就不多做解釋了。

哲學註腳

方向或目的地的兩難

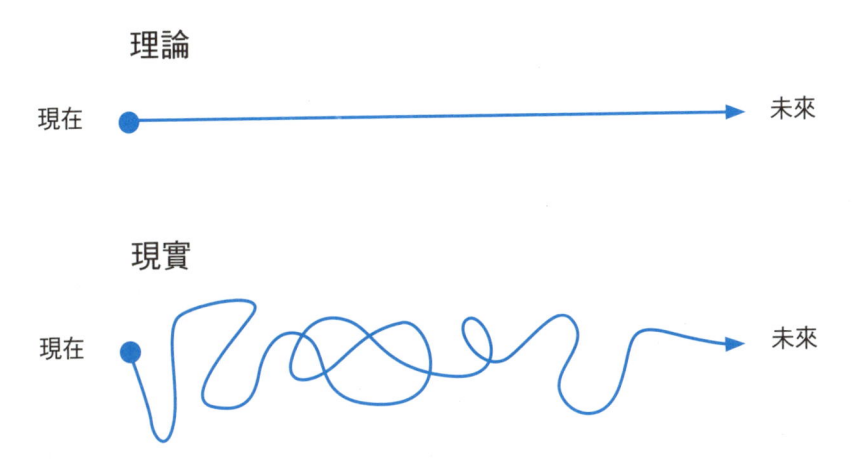

理論

現在 ●━━━━━━━━━━━━━━━━━▶ 未來

現實

現在 ●〰〰〰〰〰〰〰〰▶ 未來

- 方向是一條線或過程，前往某種方向，卻與目的地是兩回事。

- 無論是空間的旅程，還是時間的歷程，幾乎都不會沿著單一路線前進；大多數情況下，都會出現多重方向的變化。

- 在資訊不斷變動的領域中，這種情況尤其明顯。

- 即使目的地不變，今天的行進方向，到了明天也可能有所改變。

- 聰明的經營者知道，通往終點往往需要採取不同的路徑。

- 如果你設定的里程碑過於遙遠，整體過程會變得更複雜、也更容易分心。

- 永遠記得真正的目的地，別讓當下的行進方向模糊了你的終極目標。

附錄

25 種情境主題對照索引

以下是 25 種大家經常碰到的情境,找到最符合你現狀的主題,查看相關圖表,從中獲得靈感。請注意以下列出的是圖表編號,不是頁碼。

情境主題	對應圖表編號
1. 付諸行動	19、40、51、59、72、73、78、91、97
2. 溝通表達	14、19、39、48、92、95、96
3. 化解衝突	11、19、24、31、56、58、86、90、93
4. 創意發想	12、13、25、30、44、57
5. 顧客研究	01、08、09、16、20、74、84、94
6. 數據應用	18、29、42、45、77、98
7. 決策思維	18、19、32、34、55、72、73、78、87、97、98
8. 改善效率	22、32、59、68、71、72、73、78、79、80、83、85、88、91、92、99
9. 促進成長	05、20、21、33、37、40、74、75、77、84

情境主題	對應圖表編號
10. 創新改革	12、13、15、28、74、75、77、83
11. 領導管理	11、14、16、37、38、40、47、53、54、56、90、95
12. 激發動機	10、35、36、46、51、52、55、69、70、78、79、99
13. 談判協商	07、24、26、31、38、57、76
14. 組織架構	34、37、59、75、81、82
15. 規劃技巧	17、18、33、58、62、77、88
16. 報告呈現	03、04、05、15、50、60、76、86、96
17. 任務排序	25、32、41、59、72、73、78、79、80
18. 設計流程	27、49、61、62、63、98
19. 人際關係	31、38、39、46、58、63
20. 排除阻力	14、19、36、38、57、59、76
21. 銷售分析	02、08、20、25、26、76、86、87、89、92、94、96
22. 策略布局	06、12、13、20、23、28、33、41、43、48、53、67、74、94、98
23. 團隊工作	14、31、38、54、70、93
24. 釐清思考	12、23、36、45、58、59、100
25. 年度計畫	64、65、66、67、75

參考文獻

對照圖表編號

03. The Cone Of Learning: Edgar Dale 1969
11. The Five Dysfunctions Of A Team Pyramid: *The 5 Dysfunctions Of A Team*, Patrick Lencioni, (Jossey-Bass, 2002)
12. The Briefing Star: *The Ideas Book*, Kevin Duncan (LID, 2014)
14. The Trust and Cooperation Wedge: *The 7 Habits Of Highly Effective People*, Stephen Covey (Simon & Schuster, 1989)
16. The Inverted Leadership Pyramid: *No Bullshit Leadership*, Chris Hirst (Profile, 2019)
17. The Ishikawa Fishbone Diagram: *The Smart Solution Book*, David Cotton (Financial Times Publishing, 2016)
20. The Value Wedge: *Conversations That Win The Complex Sale*, Peterson & Riesterer (McGraw Hill 2011)
28. The Long Tail: *The Long Tail*, Chris Anderson (Random House, 2006)
30. The Gottschaldt Figurine: *Flicking Your Creative Switch*, Wayne Lotherington (John Wiley, 2003); *The Art Of Creative Thinking*, John Adair (Kogan Page, 1990)
31. The Win/Win Matrix: *The 7 Habits Of Highly Effective People*, Stephen Covey (Simon & Schuster, 1989)

第一次圖解就上手的圖像思考法
The Diagrams Book

32. The Time Management Matrix: *The 7 Habits Of Highly Effective People*, Stephen Covey (Simon & Schuster, 1989)

34. The Essential Intent Grid: *Essentialism*, Greg McKeown (Virgin 2014)

38. The Radical Candor Matrix: *Radical Candor*, Kim Scott (Pan Books, 2017)

51. The Resistance: *Linchpin*, Seth Godin (Piatkus, 2010)

52. The Ebbinghaus Illusion: *Left Brain Right Stuff*, Phil Rosenzweig (Profile, 2014)

53. The Golden Circle: *Start With Why*, Simon Sinek (Portfolio Penguin, 2009)

54. The Ideal Team Player Venn Diagram: *The Ideal Team Player*, Patrick Lencioni, (Jossey-Bass, 2016)

55. The #Now Diagram: *#Now*, Max McKeown (Aurum Press, 2016)

58. The Ethical Dilemma Grey Area: *Business Ethics*, Crane, Matten, Glozer & Spence (Oxford University Press, 2016)

59. The Indistractable Loop: *Indistractable*, Nir Eyal (Bloomsbury, 2020)

59. *Sleeping With Your Smart Phone*, Leslie Perlow (Harvard Business Review Press, 2012)

68. The Energy Line: *Making Ideas Happen*, Scott Belsky (Portfolio, 2010)

71. The Bar Code Day: *Sticky Wisdom*, Kingdon et al. (Capstone, 2002)

75. The Messy Middle Map: *The Messy Middle*, Scott Belsky (Portfolio Penguin, 2018)

參考文獻

76. The Rational Drowning Selling technique: *The Challenger Sale*, Dixon and Adamson (Portfolio Penguin, 2011)

77. The Innovation Shark's Fin: *Conversations That Win The Complex Sale*, Peterson & Riesterer (McGraw Hill 2011)

78. The 1% Better Every Day Curve: *Atomic Habits*, James Clear (Random House Business, 2018)

79. The Plateau Of Latent Potential: *Atomic Habits*, James Clear (Random House Business, 2018)

80. The Habit Line: *Atomic Habits*, James Clear (Random House Business, 2018)

83. The Three Buckets: *The Pirate Inside*, Adam Morgan (John Wiley, 2004)

91. The Essentialist Diagram: *Essentialism*, Greg McKeown (Virgin Books, 2014)

92. The Ambivert Arc: *To Sell Is Human*, Daniel Pink (Canongate, 2012)

93. The Acculturation Curve: *Cultures And Organizations*, Hofstede & Hofstede (McGraw Hill, 2005)

94. The Elevate Positives Sales Strategy: *The Power Of Moments*, Chip and Dan Heath (Bantam Press, 2017)

95. The Fine-Toothed Comb: *The Intelligent Work Book*, Kevin Duncan (LID, 2020)

97. The Lobster Pot Model of Decision Making: *The Art of Judgment* by John Adair (Bloomsbury Business, 2020)

99. The Goldilocks Rule: *Flow*, Mihaly Csikszentmihalyi (Rider, 2002)

翻轉學 翻轉學系列 147

第一次圖解就上手的圖像思考法
（暢銷 10 週年全新升級版）

5 大基本圖形×100 款框架×25 種情境主題，
讓你用 1 張圖解決工作難題
The Diagrams Book 10th Anniversary Edition:
100 Ways to Solve Any Problem Visually

作　　　　者	凱文・鄧肯（Kevin Duncan）
譯　　　　者	張家綺
封 面 設 計	Dinner Illustration
內 文 排 版	黃雅芬
出版二部總編輯	林俊安

出　　版　　者	采實文化事業股份有限公司
業 務 發 行	張世明・林踏欣・林坤蓉・王貞玉
國 際 版 權	劉靜茹
印 務 採 購	曾玉霞・莊玉鳳
會 計 行 政	李韶婉・許俽瑪・張婕莛
法 律 顧 問	第一國際法律事務所　余淑杏律師
電 子 信 箱	acme@acmebook.com.tw
采 實 官 網	www.acmebook.com.tw
采 實 臉 書	www.facebook.com/acmebook01

I　S　B　N	78-626-349-987-4
定　　　　價	450 元
初 版 一 刷	2025 年 5 月
劃 撥 帳 號	50148859
劃 撥 戶 名	采實文化事業股份有限公司
	104 台北市中山區南京東路二段 95 號 9 樓
	電話：(02)2511-9798　傳真：(02)2571-3298

國家圖書館出版品預行編目資料

第一次圖解就上手的圖像思考法（暢銷 10 週年全新升級版）：
5 大基本圖形 × 100 款框架 × 25 種情境主題，讓你用 1 張圖解
決工作難題 / 凱文・鄧肯（Kevin Duncan）著；張家綺譯 . – 台北市：
采實文化，2025.5
352 面；14.8×21 公分 . – （翻轉學系列；147）

譯自：The Diagrams Book 10th Anniversary Edition: 100 Ways to Solve
Any Problem Visually

ISBN 978-626-349-987-4（平裝）

1.CST: 職場成功法　2.CST: 圖表　3.CST: 創造性思考

494.35　　　　　　　　　　　　　　　　　　114004183

采實出版集團
ACME PUBLISHING GROUP

版權所有，未經同意不得
重製、轉載、翻印

The Diagrams Book 10th Anniversary Edition: 100 Ways to Solve Any Problem Visually
Copyright © LID Business Media Limited, 2024
Copyright licensed by LID Business Media Limited
Traditional Chinese edition copyright © 2025 by ACME Publishing Co., Ltd.
This edition arranged with LID Business Media Limited
through Andrew Nurnberg Associates International Limited
All rights reserved.